众志成城 协作共赢

注重团结让人生收获成功

主编 拾 月
编著 张玲玲

图书在版编目(CIP)数据

众志成城 协作共赢：注重团结让人生收获成功 / 张玲玲编著. -- 北京：现代出版社, 2015.4
ISBN 978-7-5143-3534-7

Ⅰ. ①众… Ⅱ. ①张… Ⅲ. ①成功心理－青少年读物 Ⅳ. ①B848.4-49

中国版本图书馆 CIP 数据核字(2015)第 067946 号

众志成城 协作共赢：注重团结让人生收获成功

主　　编　拾　月
编　　著　张玲玲
责任编辑　王敬一
内文制作　诚美天下文化传播有限公司
出版发行　现代出版社
地　　址　北京市安定门外安华里 504 号
邮　　编　100011
电　　话　(010)64267325
传　　真　(010)64245264
邮　　箱　xiandai@cnpitc.com.cn
网　　址　www.1980xd.com
印　　刷　三河市华晨印务有限公司
开　　本　700mmx1000mm　1/16
印　　张　9
版　　次　2015 年 5 月第 1 版　2021 年 4 月第 3 次印刷
书　　号　ISBN 978-7-5143-3534-7
定　　价　29.80 元

前言

青少年是社会最宝贵的财富，是人类的希望和未来，正所谓“少年强则国强”。正因为如此，大至一个国家、一个民族，小至一个家庭、一个家族，都特别重视青少年的教育问题。希望他们成为社会的中坚，家族的骄傲。一句话，就是希望他们成为成功的人。于国，能成为有用的人才；于家，能成为顶梁柱。不仅仅要学习好，还要有辨别人世间的善、恶、美、丑的能力。在每个人的人生中，除了需要自身的因素之外，还需要拥有感受世界的能力。

宽容、谦虚，能够扩大一个人的朋友圈，不一意孤行，让青少年变得愈加稳重成熟。

真诚力、信任力，能够树立自己的影响力，赢得朋友的支持，更好地去展现自己。

亲和力、亲情力，能够明白人情世故，收获来自故友和亲人的帮助和支持。

友情力、精神力，能够学会珍惜，积极进取，带上快乐去开拓自己的人生。

方法、团结，能够让人少走弯路，众志成城地去凝结前进的力量。

青春，是每一个人最美好的一段时光，也是每个人人格、性格定型的重要阶段，在这个时期，我们需要享受青春的快乐，同时也需要完成自我塑造。通过心理自助，最终从一个小男生、小女生逐渐成长为一个有着健全人格的人，成长为一个对社会、对家庭、对自我有着相对完整认知的人，成长为能够为自己的未来做主的人。这才是一个最充实、最有价值的青春。每个梦想都值得我们认真对待，每个青少年都是未来的希望。在青春之中，我们不仅要有欢乐，同时也要拥有未来！

本丛书是你化解烦恼的“心灵鸡汤”，可以给你增加快乐的心理自助法则；本丛书会让你认识到：掌控心理，方能掌控世界；改变自己，才能改变一切。本丛书还将告诉你：只有实现积极的心理自助，才能收获快乐而充实的青春。

目录

第一篇 克服困难，团结就是力量

第二篇 协作共赢，让团队具有凝聚力

第三篇 积极进取，在合作中成长

目录

第四篇 化敌为友，团结一切可以团结的力量

第五篇 努力融入，让自己成为团队的一份子

第一篇

克服困难，团结就是力量

一人之力如同在海岸遥望海中已经看得见桅杆尖头的一只航船，必须要风浪的推动；一人之力是站于高山之巅远看东方已经光芒四射、喷薄欲出的一轮朝日，需要朝霞的映衬。每个人的力量是渺小的，但是大家一起合作，力量就是强大的。

团结就是力量，“人心齐，泰山移”。

众志成城，应对一切天灾

故事话题

天气的变化源于全球大气的运动，冷暖干湿空气的你来我往造成了雨雪风霜、阴晴冷暖的气象变化，对全球大气连续的、全方位的观测是天气预报的基础。劳仑兹的一句名言道出了全球大气的一体性：今天纽约的一只蝴蝶拍拍翅膀，十几天后会导致北京的倾盆大雨。大气的无国界运动使得全球气象合作成为准确的天气预报的前提，也使得气象成为全球合作的典范。

1855 年法国科学家莱伐尔奉命追踪克里米亚战争时出现的风暴，发现了风暴移动的奥秘，指出只要将不同地点的气象观测记录收集起来就可以制作风暴预报，揭示了气象国际合作的必要性，从而拉开了现代天气预报发展的序幕。

1872 年在莱比锡举行了国际间气象会议，次年在维也纳又举行了第一次气象大会，会后成立了国际气象组织。为了进一步加强合作，1951 年国际气象组织改组为世界气象组织，成为与联合国建立关系的政府间的国际机构。主要任务是协调和改进世界气象业务和有关活动，促进建立气象、水文测站网及传输、交换观测记录、资料等方面的全球合作等。

从此，在共同利益的驱动下，各国气象部门一直相互无偿交换气象资料。全球合作促进了气象预报水平的提高，增强了人类预防气象灾害的能力。

故事解析

天灾最大的部分就是恶劣的气候条件形成的。针对这一问题，人类已经在携手合作，团结共进，最大程度地成功应对天气的不利变化，甚至逐渐能够预防绝大部分的此类灾害的产生。

可以说，在全球化的大背景下，合作、团结已经成为普遍的做法。很多行业发展到今天，已经有了深入细致的分工，这保证了行业发展的深度，而真正促进行业整体前进的，必然是各细分条块的精诚合作。团结、合作已经成为工作、生活里必要的元素，每个人都需要掌握相关技巧、方法才能是标准的现代人。

在学习中，我们肯定会遇到许多的困难和挫折，当我们做题时，绞尽了脑汁也无法找到做题的思路，这时候，如果仍然独自琢磨是很难做出的，我们就只好请教别人，也许通过他的耐心讲解加上你的认真分析会很快地找出思路，顺利地做出这道难题。虽然这件事在我们的学习中随处可见，见得多了也就不会在意，但是这个过程其实也是一个合作。因为如果单靠一方的努力是不行的，只有讲者和听者合作了，才能产生效果，所以，在这小小的事情当中合作也起着重要作用。

反观日常生活，人们在共同完成某项任务或目标时总喜欢说：“合作愉快！”这说明合作具有一种互相认同、接纳和目标一致，情感态度与诚信的结合，一种价值的体现，而且只有“合作愉快”才能更好地完成共同任务。

故事穿越

生物学家发现，互助互援是各种动物战胜强敌的最管用的武器。一个单独生活的昆虫、野兽，很难逃脱彻底毁灭的命运。

蚂蚁有许多天敌，它的卵和幼虫是许多动物的美食，一只蚂蚁的防御没有多大价值，但成千上万的蚂蚁并没有受到鸟类或食蚁兽的太大摧残，而且为许多虫、兽所畏惧。

蜜蜂由于实行了集体生活、共同工作，使它们的个体力量、安全系数都增加了若干倍。

鹦鹉是极其合群的鸟，它们互相依恋，患难与共，除了人以外几乎没有其他的敌人，很少有猛禽或哺乳动物敢去攻击它。

草原狼常常二三十只结成一群去追逐偶尔离群的野牛，成群结队的野狗能够战胜熊和老虎，一匹马只要不离群，无论熊、虎或狮子都难以伤害它。

互助团结的合群生活，能使动物由弱变强，由愚变智，有利于抵御强敌和适应各种恶劣的自然环境。

故事微语

中国人历来有团结的传统。俗话说："一个篱笆三个桩，一个好汉三个帮；三个臭皮匠，赛过诸葛亮。"说的就是这个道理。

一个好的班集体是全班同学一起造就的，没有大家的共同努力，想成为好的班集体是不可能的。

翻开历史长卷，总能体会到一种强大的力量——团结。刘邦重用张良、韩信、萧何，得以创建帝业；刘备重用孔明、关羽、张飞、赵云，得以三足鼎立天下；宋江是一遇大事就手足无措，不知"如何是好"的主子，幸好有梁山一百多位兄弟"哥哥休要惊慌"的辅佐，才能占据八百里水泊；唐三藏的取经，没有孙悟空一路的降妖伏魔，猪八戒、沙和尚的鞍前马后，岂能取得真经，普渡众生？

帝王也好，好汉也罢，古今中外单凭个人的力量能称王的，没有见到过。只有团结协作、齐心协力才能最终成功。

心灵箴言

离开众庶，则无英雄。

——李大钊

惟有具备强烈的合作精神的人，才能生存，创造文明。

——[印度] 泰戈尔

一朵鲜花打扮不出美丽的春天，一个人先进总是单枪匹马，众人先进才能移山填海。

——雷锋

人们在一起可以做出单独一个人所不能做出的事业；智慧、双手、力量结合在一起，几乎是万能的。

——[美] 韦伯斯特

战胜天灾，团结拯救危难

故事话题

1998 年夏，我国江南、华南大部分地区及北方局部地区普降暴雨到大暴雨。长江干流及鄱阳湖、洞庭湖水系，珠江、闽江和嫩江、松花江等江河相继发生了有史以来的特大洪水。受灾人数之众，地域之广，历时之长，世所罕见。

汛情牵动中南海，江泽民总书记、李鹏委员长亲赴现场视察，慰问作战军民，朱镕基总理、温家宝副总理亲临一线指挥；洪水无情人有情，全国人民情系灾区，一列列火车、一架架飞机、一队队汽车满载着物资、食品，满载着各地群众的深情厚谊，从各个方向往灾区集结。

为了战胜这场特大自然灾害，解放军和武警部队共投入兵力 36 万多人，地方党委和政府组织调动了 800 多万干部群众参加抗洪抢险；加上为抗洪抢险提供直接服务的各部门、各地区、各系统的力量，总数达上亿人口；而其他以不同的方式关心、支持抗洪抢险的人们更是难以计数。

这场抗洪抢险斗争，规模大，气势壮，斗争严酷激烈，而更为重要的是，上下一心、干群一心、党群一心、军民一心、前方后方一心。美好的品格和行为一旦集中起来会是多么壮美，亿万人民的力量一旦集中起来会是多么强大，“98 抗洪”的全面胜利，是中华民族创下的又一个举世瞩目的伟大业绩，是中国人民唱出的又一曲自强不息、人定胜天的壮歌。

故事解析

面临天灾人祸，我国已经多次上演众多人的团结一致、精诚合作，以坚定意志、不懈努力成功应对的感人画面。98 抗洪是其中最具代表性的一次。历次事故的顺利度过无不昭示出齐心协力的强大力量。

人生活在社会之中，是具有群体性和社会性的，团结是人类求得生存与发展的必不可少的元素。随着社会的进步，自觉团结成为一种传统美德。在中华民族的历史上，一直以团结为贵，以团结为荣。《国语》中说："同德则同心，同心则同志"。历史一再证明，只要中华民族拧成一股绳，就繁荣兴盛，而如果分崩离析，则民不聊生。

团结的力量是号召力，它动员人们振作精神、心怀希望、勇往直前；团结的力量是巨大的精神支柱，它鼓励人们乐观勇敢地对待困难和失败。中华各个民族之间要团结，全党全国人民要坚定不移地团结在以习近平同志为总书记的党中央周围，共同发展我们的社会主义现代化建设事业，这已经成为社会发展进步的客观要求；同事要团结，邻里要团结，家庭成员之间也要团结，这也是大家努力营造美好和谐的人际关系和社会氛围的共同心愿。团结让人们心往一处想，劲往一处使，团结使人们互帮互助互谅互爱，能让整个社会充满力量和温情。

故事穿越

2008 年 5 月 24 日新华网发布文章《军事专家：军事化救援是世界自然灾害救援新趋势》。该文关注了现代世界应对天灾人祸的新动向，主要内容如下：

近年来，世界各地频频发生重大自然灾害，引起了世人和国际社会广泛关注。面对自然灾害多样化的威胁与挑战，军事化救援已成为许多国家的军队所要担负的一项重任，虽然各国情况不一，但其带有共性的科学方法可资借鉴。

军事科学院世界军事研究部罗援副部长和研究员李效东、喻晓鹏等专家就“面对重大自然灾害的军事化救援”主题发表了自己的看法。

专家谈到：外军认为，在重大灾难的抢险救援行动中，最大的挑战往往不是物资供应的不足，而是如何迅速、高效、准确地满足完成各种复杂任务的综合目标需求。大灾面前，军队既要冲锋在前，承担救援行动的综合应急保障任务，更要具体参与到救援行动中去，承担人员输送、医疗救护以及安全保卫和灾区重建等多元化重要任务。因此，全力以赴实施军事化立体救援行动就成为实现综合目标的重要保证。

国际上特别像美国、日本等许多国家均高度重视抢险救灾中军事化快速行动的组织实施。

印度洋海啸灾难爆发突然，受灾国家众多，受灾面积广大，面对危机的突发性、紧迫性和严重性，国际化的军事救援行动反应快速，应变灵活，从而保证了处于主动地位。

故事微语

这篇文章主要介绍了人类战胜自然灾害的新途径，体现出人定胜天的大无畏气概。而主要的利器“军队”就是一个团结的组织。面对强大的天灾人祸，即使是科技已经有了长足发展的今天，团结仍然是最佳应对方案。

团结就是力量，“兄弟齐心，其利断金”。战国时期的蔺相如和那负荆请罪的廉颇，一位文臣，一名武将，正是他俩齐心协力辅佐赵王，才使强秦不敢来犯。2003 年，当嚣张的“非典”病魔在神州大地上肆虐时，正是各方人士不计回报的辛勤工作，素昧平生的人们之间的互相帮助，才使我们共同击败了“非典”病魔。

团结就是力量，“积水成渊，集腋成裘”。在南泥湾开荒时，在党中央的号召下，每位359旅战士都团结合作、共同努力开荒种地织布，这才有了“陕北的江南”。大到国家，小到班集体，团结互助的精神不可少。

团结就是力量，“一根筷子易折断，十根筷子抱一团”，狭隘的利己损他式生存法则早已成为过去，迎接我们的只能是大家共同托起的太阳！

心灵箴言

二人同心，其力断金。

——《易经》

单丝不成线，独木不成林。

——谚语

天时不如地利，地利不如人和。

——孟子

一个人像一块砖砌在大礼堂的墙里，是谁也动不得的；但是丢在路上，挡人走路是要被人一脚踢开的。

——艾思奇

整齐划一，集体迸发无穷力量

故事话题

阅兵是展现武装力量建设成就，树立民族自信心和自豪感的重要形式。1999 年，党中央决定在天安门广场举行盛大的世纪阅兵式，庆祝祖国 50 华诞。

阅兵前夜，一场大雨让阅兵总指挥、北京军区司令员李新良一夜未眠。大阅兵不仅中国人会看，外国人也会看。现场将有 1800 名记者，外国记者 730 位，26 家电视机构现场直播。

10 月 1 日凌晨，李新良与万名阅兵官兵冒雨进城。到了早上，北京碧空如洗，李新良如释重负。

徒步方队经过时，“一排人感觉像一个人一样，整齐得不得了。”当时受邀在观礼台观看的全英华人中国统一促进会会长单声先生说。“那是做给美国人看的，让他们知道我们的军队多么雄壮，多么有纪律。美国人看得傻掉了。”是年 5 月，中国驻南联盟大使馆遭到美军导弹袭击，三名中国记者不幸遇难。

单声所说的美国人是坐在他身旁的美国武官。“他告诉我，从没见过这么整齐的画面，非常惊讶。”单声回忆。

当一架大型空中加油机拖着两根长长的加油管，与两架受油的歼击机一起通过天安门广场上空时，观礼台上掌声雷动。当时，中国是世界上掌握了该技术的少数国家之一。

那天，总共有 132 架飞机从 5 个机场起飞，飞行 70 余千米到达天安门广场上空，一秒不差地依次飞过人民英雄纪念碑。李新良回忆：“飞机是在天上飞的，没有细致严密的组织和刻苦严格的训练，是绝对达不到那种效果的。”

故事解析

在当代世界格局中，中国的整体实力虽然已经有了极大的提高，但弱势地位仍然不言而喻。通过国庆阅兵扬国威，树尊严，是一件重要的事情。官兵队列演练质量的好坏优劣是其中最为关键的内容，而我国的官兵列队水平是很优秀的，可以说是世界上首屈一指的。优质的列队演习是集体力量的最好表现之一。

简单地说，集体就是由多个各自承担某项职能的人组合起来的有组织的整体。集体是由拥有共同目标与荣誉，合理利用每一个成员的知识和技能协同工作、解决问题的共同体。由此不难看出，集体不仅要求有组织，更强调统一的目标、彼此间的协同和一致行动。因此，集体一旦形成，便蕴含着一股力量，即集体的力量，一种无坚不摧的力量。

在这个分工越来越细，协同关系越来越复杂的今天，我们每一个人的生活和工作与团队的融合联系得如此紧密。诸多事例表明，团队的成功是建立在和谐团结的基础之上的，由此导演出的个人的成功乃是团队力量发挥的结果。个人如果脱离集体或与集体不合，要想成功是不可能的。

故事穿越

在2005年春节晚会上，中国残疾人艺术团21名聋哑演员向世人展示了该团的经典节目《千手观音》，震撼了国人，成为当年春节晚会“最受欢迎”的节目。

这群来自无声世界的聋人，静穆纯净的眼神，娴静端庄的气质，婀娜柔媚的千手，金碧辉煌的色彩，脱俗超凡的乐曲……美得令人窒息，炫得让人陶醉。

《千手观音》由总政歌舞团的团长、中国舞蹈界“世纪之星”唯一获得者、被称为“舞界奇才”的张继钢编导，经过几年的锤炼，在40余个国家的演出均引起轰动。2004年9月28日，《千手观音》作为主打节目在雅典残奥会闭幕式的8分钟演出，技惊世界。

这些残疾人能够将《千手观音》演绎得几乎完美，经过了一个漫长而艰难的过程。张继钢介绍，为了让演员感受到音乐的节奏，准确地同时出手，他借助手语老师来为演员传递信息，用手语告诉演员舞蹈的一招一式。演出时，4个手语老师分别站在舞台4个角，她们的手成为聋哑演员的“耳朵”，手语传达出音乐节奏，聋哑演员便在“节奏”中展现出优美的舞姿。

《千手观音》在脱离指导的舞台表演时，演员主要是通过地板的震动来对准节拍，从而通过震动熟悉节拍。此外因为跳舞的时候呼吸很大，所以也要靠呼吸来配合。用后颈感受后面人的呼吸来统一动作。

故事微语

《千手观音》演出的成功要求动作的整齐划一、一丝不苟，完全是集体力量的产物。特别是扮演者均为双耳失聪的残疾人，他们能够达到这样完美的合作、协调更加难能可贵。

个人的成功是由团队的成功造就的，但个人成功不等于团队成功。一个优秀的团队需要不仅仅是某个素质和能力均好的成员，而且要求所有人能团结一致，齐心协力，这样才能取得成功。

在团队中，并不反对个人天才，相反，个人天才在团队中能够起到带头领导作用，成为精神领袖，团队有了核心，能把所有的力量凝聚起来，迸发出巨大的能量，但这必须要有一个先决条件，那就是个人天才能够和团队中的其他成员团结起来。团队力量的发挥除了要所有的人团结一致外，还要有英明的组织者，即能把所有人的潜力都挖掘并能合理配置的人，否则，这个团队就很容易形成一盘散沙，毫无力量。

由此可见，只有把团队中的所有成员有效地组织起来，使大家团结在一起，才能发挥出团队的无穷力量。

心灵箴言

民齐者强。

——荀况

万人操弓，共射一招，招无不中。

——《吕氏春秋》

聪明人与朋友同行，步调总是齐一的。

——法国谚语

一致是强有力的，而纷争易于被征服。

——伊索

目标一致，创造新的辉煌

故事话题

相传，在古希腊时期的塞浦路斯，曾经有一座城堡里关着7个小矮人。传说他们是因为受到了可怕咒语的诅咒，才被关进这个与世隔绝的地方。

他们住在一间潮湿的地下室里，找不到任何人帮助，没有粮食，没有水，这7个小矮人越来越绝望。

在小矮人中，阿基米德是第一个受到守护神雅典娜托梦的。雅典娜告诉他，在这个城堡里，除了他们待的那个房间外，其他的25个房间里，一个房间里有一些蜂蜜和水，够他们维持一段时间，而在另外的24个房间里有石头，其中有240块玫瑰红的灵石，收集到这240块灵石，并把它们排成一个圈的形状，可怕的咒语就会解除，他们就能逃离厄运，重归自己的家园。

第二天，阿基米德迫不急待地把这个梦告诉了其他的6个伙伴。其他4个人都不相信，只有爱丽丝和苏格拉底愿意和他一起努力。但三个人最初各有各的想法及行动，几天下来，不仅精疲力尽，一无所获，还被其他4个人取笑。

3人没有放弃，失败让他们意识到应该团结起来。之后，他们很快在左边第二个房间里找到了大量的蜂蜜和水。自己狼吞虎咽了一番后，又为其他人带回了许多。7个人终于团结一心了。

他们通力合作，找齐了240块灵石，挽救了自己的生命。

故事解析

从这个故事可以看出，即使有了团队，如果目标各异，也会于事无补。一个团队的成功，每个成员都能够确立统一的目标，是至关重要的。

一个团队要有战斗力，首先要有一个大家都充分一致认可的目标，这个目标足够激励这个团队成员兴奋起来。这是一个团队第一重要的东西。团队需要有一个清晰明确的战略目标，战略最简单的解释为：知道以后要做什么，围绕战略设定团队的具体目标。目标是战略的具体体现。战略的制定是少数人的事情，但是战略转化为目标则需要全体团队成员共同并且是高度地参与。

团队制定出了一个明确的目标，并非万事大吉，还必须与团队成员充分沟通，确保所有人对目标达成充分的一致，否则，明确目标方向这一步就没有完成。现在很多的企业认为这只是领导者的事情，下面员工知不知道没有多大的关系，因此在整个过程中都是根据领导者的意愿在做，而事实上，很多的员工对企业的战略并没有清晰的认识，在执行时，效果当然不好。所以，让员工清楚并且认同的团队战略和目标是保证团队目标实现的关键。

故事穿越

波音公司是全球航空航天业的领袖公司，也是世界上最大的民用和军用飞机制造商。波音公司董事长兼首席执行官菲利浦·康迪说：“市场全球化和竞争全球化的趋势不可阻挡。我们要想继续创造价值，营造商机，包括为波音员工创造就业机会，就必须实现全球化。生产卓越的产品、提供完善的服务以及打开产品的销路，还远远不够。波音必须成为我们所服务的社会的组成部分。实际上，任何大企业要想在未来取得成功，都必须走全球化的道路。”

除了要将公司的产品和服务推向市场，全球化还要敞开大门接纳新技术，听取有着不同文化、背景和经验的有识之士的建议。

在此之前，它的工厂几乎全部集中在西雅图的周边，《华尔街日报》的文章也说，“这家美国航空巨头在全世界卖飞机的历史虽然已经有几十年了，但却始终把挣的钱拿回美国，而不愿结交国际伙伴。”

现在，一架波音747客机需要一万多个零部件，其中的绝大部分并非波音公司独自生产或者美国国内公司为其提供的，而是来自世界各国的众多公司，特别是新加坡和韩国。这些来自世界各地的零部件齐集美国，由波音公司组装。

为了在与空客的竞争中脱颖而出，加强在全球化过程中的影响力，波音推出新型7E7飞机。目前全球有40多家航空公司正就波音7E7与波音进行探讨，与波音的其他飞机一样，波音7E7也将是全球合作伙伴和供应商联合参与、共同努力的结晶。

747

故事微语

很多跨国企业业务种类、规模庞杂，而能够有效统一他们庞大机体的核心就是目标的一致。无论生产、业务活动的牵涉范围多么广泛，有清晰明确的目标作指导，总是能够保证工作效率的优异。

从管理上讲，将团队的愿景化为个人的理想，是可以实现的，并对此达成充分一致，才有所谓的士气。只有团队成员赞成、拥护、接受团队的目标，认为团队目标代表了自己的要求和愿望，具有较高的价值，具有可能性和可行性，才会进入为达到团队目标而努力的状态，而正是这种团队意识和集体态度，才能使团队收获高效的果实。

拥有共同的目标，共同分担责任。对团队目标达成共识，人人拥有共同的目标，对一个团队来讲是至关重要的。它可以激发人的内在潜

能，达到调动人的积极性的目的；同时，这也是团队目标以人为本、尊重个人的体现，它激发了每个人自动自发的工作意愿，善用它将是成功的保证。当然，这也就意味着团队成员要共同分担责任。

建立大家共同追求的、有意义的目标，不仅能汇集团队智慧，而且更能激发团队的创造力，增强团队凝聚力，提供推动力，发挥“航标灯作用”，让团队成员愿意为它贡献全部力量。

心灵箴言

上下同欲者胜。

——孙武

五人团结一只虎，十人团结一条龙，百人团结像泰山。

——邓中夏

能用众力，则无敌于天下矣；能用众智，则无畏于圣人矣。

——孙权

共同的事业，共同的斗争，可以使人们产生忍受一切的力量。

——[苏联] 奥斯特洛夫斯基

榜样力量，给团队注入活力

故事话题

多年前的一个傍晚，一位叫亨利的青年移民，站在河边发呆。这天是他 30 岁生日，可他不知道自己是否还有活下去的必要。因为他是孤儿，从小在福利院里长大，身材矮小，长相也不漂亮，讲话又带着浓厚的法国乡下口音，所以他一直很瞧不起自己，认为自己是一个既丑又笨的乡巴佬，连最普通的工作都不敢去应聘，没有工作，也没有家。

就在亨利徘徊于生死之间的时候，与他一起在福利院长大的好朋友约翰兴冲冲地跑过来对他说："亨利，告诉你一个好消息！"

"好消息从来就不属于我。"亨利一脸悲戚。

"不，我刚刚从收音机里听到一则消息，拿破仑曾经丢失了一个孙子。播音员描述的相貌特征，与你丝毫不差！"

"真的吗，我竟然是拿破仑的孙子？"亨利一下子精神大振。联想到爷爷曾经以矮小的身材指挥着千军万马，用带着泥土芳香的法语发出威严的命令，他顿感自己矮小的身材同样充满力量，讲话时的法国口音也带着几分高贵和威严。

第二天一大早，亨利便满怀自信地来到一家大公司应聘。20 年后，他成为这家大公司的总裁。

故事解析

有了拿破仑为榜样，自卑的亨利重拾自信，在社会上成功地站住了脚跟，并且将榜样的力量带给其他人，成为一名优秀的领导。

适当的榜样的确立能够在团队中激活竞争、赶超意识，极大地提高团队成员活力。确立合适的榜样是第一步。尽量清楚明了地将榜样的优秀之处以有效的方式广而告之，传播至每一个成员。然后要号召成员寻找自身差距，营造学习榜样、争做榜样的浓厚氛围。成员对于自己所熟悉的先进人物及其事迹，能够从中寻找方向、感悟力量、凝聚动力，更好地融入团队任务。

在团队中，榜样的作用不可小觑，各种各样的榜样，在不知不觉中成为我们心目中的坐标。曾经，我们以学习雷锋为榜样；今天，比尔·盖茨等成为我们学习的榜样。许多榜样，正在我们身边不断涌现。列宁说：“榜样的力量是无穷的”。有人曾说：“播撒一种思想收获一种行为，播撒一种行为收获一种习惯，播撒一种习惯收获一种性格，播撒一种性格收获一种命运。”散播一种榜样，我们能够时时看到奋斗的目标和参照物。

榜样是一种向上的力量，是一面镜子，是一面旗帜。这是一个需要榜样的时代。多元化的社会价值观念有助于社会的正常运作，它同时也需要有一种能够打动我们的力量，一种根植于人性根底的精神力量，一种可亲、可敬、可信、可学的人生道德楷模，一种抗拒平庸，立志进取的永不过时的力量。而榜样无疑是一种很好的标杆和楷模，以榜样为精神的皈依，行动的指南，让人生更加积极向上、绚丽多彩。

故事穿越

《战国策·燕策一》记载：燕国国君燕昭王一心想招揽人才，但很多人认为他仅仅是叶公好龙，不是真的求贤若渴。燕昭王始终寻觅不到治国安邦的英才，整天闷闷不乐。

后来有个智者郭隗给燕昭王讲述了一个故事，大意是：有一国君愿意出千两黄金去购买千里马，然而时间过去了3年，始终没有买到，又过去了3个月，好不容易发现了一匹千里马，当国君派手下带着大量黄金去购买时，马已经死了。可被派出去买马的人却用500两黄金买来一匹死了的千里马。国君生气地说："我要的是活马，你怎么花这么多钱弄一匹死马来呢？"

国君的手下说："你舍得花500两黄金买死马，更何况活马呢？我们这一举动必然会引来天下人为你提供活马。"果然，没过几天，就有

几拨人送来了3匹千里马。

讲到这里，郭隗说："你要招揽人才，首先要从招纳我郭隗开始，像我郭隗这种才疏学浅的人都能被国君采用，那些比我本事更强的人，必然会闻风千里迢迢赶来。"

燕昭王采纳了郭槐的建议，拜郭槐为师，为他建造了宫殿，后来没多久就引发了"士争凑燕"的局面。投奔而来的有魏国的军事家乐毅，有齐国的阴阳家邹衍，还有赵国的游说家剧辛等等。落后的燕国一下子便人才济济了。

从此以后一个内乱外祸、满目疮痍的弱国逐渐成为一个富裕兴旺的强国。

故事微语

郭隗的计谋实质上就是运用了榜样激励的方法。良好的榜样、先例让更多的人看到希望，产生信心，才能聚集、团结起来，争先恐后积极努力，共同完成伟大的事业。

榜样示范导向是管理团队的一种常用常新的有效办法，同时也是传承优良传统的有效方式。

榜样作为团体中特殊的角色模型，对个体的角色和行为具有示范导向作用。榜样是人们心中的理想人格模式的规定和彰显，榜样给我们展现的是自我的理想形象，个体期望自身也可以达到榜样那样的水平和境界。这种理想自我与现实自我间的距离则是个人不断提高和发展的动力。榜样的崇高理想、高尚情操和感人事迹，能给人以巨大的感染力和推动力，对人的思想和行为起着潜移默化的影响。。在这一过程中，人们为什么选择这样的行为而没有选择那样的行为，形成这样的个性而没有形成那样的个性，与榜样的示范导向是密切相关的。

心灵箴言

榜样的力量是无穷的。

——[苏联] 科·达勒维耶

榜样具有良好的感染力。

——[英] 塞·约翰逊

命令只能指挥人，榜样却能吸引人。

——[英] 威·亚历山大

好榜样就像把许多人召集到教堂去的钟声一样。

——丹麦谚语

第二篇

协作共赢，让团队具有凝聚力

团队合作指的是一群有能力、有信念的人在特定的团队中，为了一个共同的目标相互支持合作奋斗的过程。它可以调动团队成员的所有资源和才智，并且会自动地驱除所有不和谐、不公正现象，同时会给予那些诚心、大公无私的奉献者适当的回报。如果团队合作是出于自觉自愿时，它必将会产生一股强大而且持久的力量。

头脑风暴，碰撞出新的火花

故事话题

美国北方存在一个长久未得到改善的问题，那就是：在格外严寒的冬天，大雪往往会积落在电线上，大跨度的电线常被压断，严重影响通讯。一直以来，许多人试图解决这一问题，但都不了了之。后来，电讯公司经理应用奥斯本发明的头脑风暴法，解决了这一难题。

他邀请了不同专业的技术人员，召开头脑风暴会。为了实现目的，他为与会者订立了四项基本原则：

第一，自由思考。尽可能解放思想，无拘无束地思考问题并畅所欲言，扫除一切顾虑；

第二，延迟评判。会议只提出想法，评判工作留在会后；

第三，以量求质。鼓励与会者尽可能多而广地提出设想；

第四，结合改善。即鼓励与会者积极进行智力互补，在增加自己提出设想的同时，注意思考如何把两个或更多的设想结合成另一个更完善的设想。

按照这种会议规则，大家七嘴八舌地提出了许多方案。有一位工程师在百思不得其解时，听到用飞机扫雪的想法后，大脑突然受到冲击，马上提出“用直升飞机扇雪”的新设想。这又引起其他与会者的联想，有关用飞机除雪的主意一下子多了七八条。

会议不到一小时，共提出 90 多条新设想。会后，公司组织专家对设想进行分类论证。专家们认为因“坐飞机扫雪”激发出来的几个设想，是一种大胆的新方案，既简单又高效。

现场试验证实了专家的说法。一个久悬未决的难题终于得到了巧妙的解决。

故事解析

头脑风暴法(Brain Storming)又称智力激励法、BS 法。它是由美国创造学家 A·F·奥斯本于 1939 年首次提出、1953 年正式发表的一种激发创造性思维的方法。它是一种通过小型会议的组织形式，让所有参加者在自由愉快、畅所欲言的气氛中，自由交换想法或点子，并以此激发与会者创意及灵感，使各种设想在相互碰撞中激起脑海的创造性“风暴”。它适合于解决那些比较简单、严格确定的问题，比如研究产品名称、广告口号、销售方法、产品的多样化研究等，以及需要大量的构思、创意的行业，如广告业。

爱因斯坦说过：人们解决世界的问题，靠的是大脑思维和智慧。人类在漫长的征服自然、改造世界、提高自我的过程中，不断开发大脑，总结思维规律，逐渐形成了帮助人们解决问题、辨别真伪、开拓创新的思维知识体系。时至今日，这些知识为全球各个行业和各界人士所推崇并广泛实践，形成了一场席卷全球的思维风暴，包括世界 500 强在内的企业都运用这些思维知识成功解决了经营发展中的困境，创造了巨大的经济效益，各界精英及不同层次的人们也都从中获得了深刻启示，解决了人生中的种种问题，走上了成功之路。

思维创造一切，思考是进步的灵魂。解决问题和矛盾的最好武器是大脑，决胜的关键在于是否拥有先进的思维方式。

利用头脑风暴，团体中如果能相互激励，相互补充，引起思维“共振”，就会产生出不同凡响的新创意或新方案。

故事穿越

沙漏是一件古老的器具，它在时钟未发明前用来测量每日的时辰。时钟问世之后，沙漏已完成了它的历史使命，而有一个人却把它作为一种玩具来生产销售。但是沙漏作为玩具，趣味性不强，孩子们自然不大喜欢它，因此销量很小。

后来，沙漏的需求越来越少，这个人的沙漏几乎要停产了。

有一天，这个人看到别人在长时间地打电话，并且因为无法控制话费而苦恼，一个构思立刻浮现在他的脑海：做个限时3分钟的沙漏。在3分钟内，沙漏上的沙就会完全落到下面来。把它装在电话机旁，这样打长途电话时就不会超过3分钟，电话费就可以有效地控制了。

这个东西设计上非常简单，把沙漏的两端嵌上一个精致的小木板，再接上一条铜链，然后用螺丝钉钉在电话机旁就行了。不打电话时还可以作装饰品，看它点点滴滴落下来，虽是微不足道的小玩意，也能调剂一下现代人紧张的生活。

担心电话费支出的人很多，新沙漏可以有效地控制通话时间，售价又非常便宜。因此一上市，销路就很不错，平均每个月能售出3万个。这项创新使看不到前途的沙漏转瞬间成为对生活有益的用品，销量成千倍地增加，面临倒闭的小作坊很快就变成了一个大企业。

故事微语

紧密结合现代生活需求的创造性思维拯救了沙漏这样一种器具的生命。随着日新月异的发展，很多事物都面临被优胜劣汰的危机，这个现实要求从事相关行业的人要注重思维的灵活、自由与无限激发，紧跟时代的步伐对自己的工作进行及时甚至超前的更新、改善。

Brainstorming 原指精神病患者头脑中短时间出现的思维紊乱现象，病人会产生大量的胡思乱想。奥斯本借用这个概念来比喻思维高度活跃，打破常规的思维方式而产生大量创造性设想的状况。

头脑风暴法又称脑力激荡法，通常一个组织中遇到的问题的80%左右都可以借助头脑风暴法找到解决方案，所以说头脑风暴法对于问题具有强大的威力，是我们进行创新思考的强有力的工具。

水击产生涟漪，石击产生火花。思想与思想的碰撞，会激发新的思想，智慧与智慧的碰撞，会引发新的智慧。一粒种子的萌芽，会收获丰硕的果实，一个火花的点燃，会燃起熊熊的烈火。利用集体的智慧，通过互相交流、启发和激励而产生新思想的方法，这就是头脑风暴法。

俗话说，三个臭皮匠，顶个诸葛亮。一个人的智慧不够用，两个人的智慧用不完。集体的智慧无穷尽，集体的大脑是智慧库、思想库。在思维的领域中，一加一大于二，大于三。我提出一个思想，你提出一个思想，你增加了一个思想，我也增加了一个思想。你提出一个办法，我提出一个办法，你想起了许多新的办法，我也想起了许多新的办法。智慧的碰撞好比播种，它能萌发新的智慧。智慧的碰撞好比催化剂，它会引发大脑思维的链锁反应。一个智慧，可以引发一群智慧；一个小点子，可以收获一大堆智慧果。一阵朦胧的想法的激发，可能催生一项成功的发明和创造。

心灵箴言

即使日本人现在也不得不超越模仿、进口和采用他人技术的阶段，学会由自己来进行真正的技术创新……

——[美] 彼得·德鲁克

将来，先进国家生产的产品价值只有很少一部分是从蓝领工人的劳动及从资本物中得来，而主要是从设想和创新中得到的。

——[美] 吉福德·平肖第三

基于聪明的设想出现的创新数量极大，哪怕成功的百分比比较小，仍然成为开辟新行业、提供新职业、给经济增添新的活动面的相当巨大的源泉。

——[美] 彼得·德鲁克

创新应当是企业家的主要特征，企业家不是投机商，也不是只知道赚钱、存钱的守财奴，而应该是一个大胆创新敢于冒险，善于开拓的创造型人才。

——[奥地利] 熊彼特

打破纪录，你也能成为冠军

故事话题

北京奥运会上，苏格兰男子克里斯•霍伊夺得了三枚金牌，分别来源于自行车凯林赛、团体竞速和争先赛。他由此而成为了英国百年来唯一一位在一届奥运会中获取3枚金牌的运动员。

埃塞俄比亚的迪芭芭在北京奥运会上同样也打破了纪录，她将曾经的万米银牌镀成了金色——29分54秒66，她创造了新的奥运会纪录和非洲纪录。迪芭芭在国内参加着异常艰辛的训练：没有专门的长跑训练场，训练经常要翻山越岭，有时甚至会碰到一些危险动物。因为没有足够的食物，迪芭芭甚至曾饿着肚子训练，也曾因为没钱买鞋而赤脚比赛。但是她就这么坚强地跑着，跋山涉水，“跑”到了北京奥运会。

故事解析

在每个打破纪录的运动员身上，我们都能看到一种可贵的品质，那就是：勤奋。在这优异成绩的背后，隐藏着数不清的汗水和泪水。世界上并不会有无缘无故的成功，也不会有无缘无故的失败。

我们也要像这些运动员学习，不要做温室中的花朵，勤奋起来，勇敢地用拼搏成就自己的未来；用努力换取丰收的果实；用汗水浇灌梦中的理想。相信在不远的将来，我们也能成为一个“冠军”，拿到属于自己的奖牌，拥有自己的骄傲。

故事穿越

我国乒坛名将邓亚萍常以凌厉的抽杀，让对手猝不及防，尽管她身材不高，但比赛的时候步伐灵活，技术高超。也因此如愿以偿站上了世界冠军的领奖台。在邓亚萍的运动生涯中，共夺得了18枚世界冠军奖牌，连续2届4次奥运会冠军，成为第一位蝉联奥运会乒乓球金牌的运动员。

要想知道邓亚萍的成功奥秘，最好看看她的训练。她常常穿一双又大又厚的“怪鞋”进行训练，“怪鞋”上还绑着厚厚的黄布袋，里边装着沙子。平常人穿着它，走上百来米就会大汗淋漓，而邓亚萍却要穿着它进行大运动量的训练。这种“自讨苦吃”的训练方法，使邓亚萍腿部力量加大，使她的步伐也变得更加灵活。

故事微语

邓亚萍在付出了艰辛的努力之后，终于成为第一位蝉联奥运会乒乓球金牌的运动员，她的成功归功于她的勤奋。

成功并不神秘，成功者只是充分挖掘了自己的潜力。当然，在成功者们所有这些共同点中，最为突出的是他们都付出了辛勤的劳动。他们的成功之路是用汗水铺就的，成功垂青那些勤奋者，成功的纤绳掌握在我们自己的手中。

只有你珍惜时间，不断付出的汗水和辛劳最终才会开花结果，你将拥有成功而幸福的微笑。叹息无用，唯有勤劳奋斗最现实。

心灵箴言

勤奋不是嘴上说说而已，而是要实际行动。

——邵炜扬

开创伟大事业的是天才，完成伟大事业的是辛苦。勉之期不止，多获由力耘。

——欧阳修

不要死气沉沉，要有积极的人生态度，不要受了点挫折就想不开，人生最尊贵者莫过于生。

——方海权

成就不凡，将自己打造成“金子”

故事话题

著名企业家翁锦通先生应邀在中山大学为大学生作演讲，介绍他自己如何从杂役、学徒、管理员一直跻身实业界成为大企业家的坎坷经历。

翁先生告诉在场的大学生们：我今天的成功全靠自己一生吃大苦、耐大劳闯出来的。因此，翁先生自称“是从泥里站起来的孩子”，这位企业家的创业精神使台下大学生们感动得掉下了眼泪。

翁锦通先生认为年轻人不要只羡慕他今天的财富和地位，更要明白一个人究竟应当靠什么，才能正正当当地获得成功。

翁先生不仅自己这么去实践，而且还给儿孙定了一条家规，即“三勤四不懒”，“三勤”是指勤于守时、勤于守职、勤于创造；“四不懒”是指：脑、口、手、脚一概不能有丝毫懒惰。

“三勤四不懒”中最主要的一个思想，是“勤”字，要日日勤劳，永远勤劳。更为可贵的是，翁先生认为勤劳必须包括“勤于创造”，而且应该是脑、口、手、脚都得勤。可见，翁锦通先生的成功之路以及他的家规“三勤四不懒”，包含着一条真理——成功是勤劳的奖赏！

故事解析

翁锦通先生用自己的勤奋获取了巨大的成就，也因此成为万人瞩目的企业家。这个“从泥里站起来的孩子”用自己的勤奋，换来了成功，也书写了自己的华丽人生。成功是勤奋的奖赏，只有踏实努力的人才能成就不凡。

俗话说：“一分耕耘，一分收获”。一个人所获得的报酬和成果，与他所付出的努力有着极大的关系。如果我们也想收获更多，那么就要勤奋努力，不断进行自我突破，不断地挖掘自己的潜能。

故事穿越

东汉时期的王充是我国古代杰出的思想家和哲学家。他少年时就失去了父亲，家里很穷。但他很有志气，酷爱学习，在他 20 岁的时候，乡里保送他到全国最高学府太学去学习。

在太学里，为了弄清老师讲的东西，他就把讲课时提到的书都找来阅读，太学里的书差不多都读遍了，可依然满足不了他的学习需要，去买书学吧，家里实在困难。于是，他便把书铺当作自己的书房，整天钻在里面，孜孜不倦地读。

不管是酷暑严寒，还是刮风下雨，王充每天都会早早来到书铺，帮人家干零活，然后读书。有时在书铺里一站就是一整天，吃饭、休息全部都忘了。他读完了这家书铺里的所有的书，又跑到那家书铺去读。

王充几乎读遍了街市上所有的书铺。由于他的刻苦学习，积累了丰富的知识，成了我国历史上著名的学者。他写的有 20 万字的《论衡》，充满了朴素的唯物主义思想，在今天仍然有很高的价值。

故事微语

要想成就不凡，就必须要学会勤奋。王充在自己的努力之下，终于将自己打造成了“金子”。和王充一样，许多学者在成才的过程中，勇于克服种种困难，终于取得了巨大的成就。

博学源于勤奋忘我的读书。只要我们在学习上舍得用功夫，就必定能够用辛勤的汗水浇灌出理想之花，获得真才实学。一个人只有不断努力，刻苦学习，才能成就非凡，从现在起，让我们像王充一样勤奋努力，用知识来充实自己，用汗水来浇灌理想，相信在不断地积累之下，我们也一定能够取得闪耀着光芒的“金子”。

心灵箴言

成大事者，争百年，不争一息。

——冯梦龙

对搞科学的人来说，勤奋就是成功之母！

——茅以升

本来无望的事，大胆尝试，往往能成功。

——[英] 莎士比亚

世界是归强有力者管辖的，应当做强有力者，应当超于一切之上。

——[法] 莫泊桑

攀登科学高峰，就像登山运动员攀登珠穆朗玛峰一样，要克服无数艰难险阻，懦夫和懒汉是不可能享受到胜利的喜悦和幸福的。

——陈景润

自强不息，实现理想的基石

故事话题

美国前总统克林顿之所以能成为美国总统，与他个人的勤奋有着很大的关系。

克林顿在出生前 4 个月，父亲就死于车祸。他的母亲因无力养家，只好将出生不久的他托付给自己的父母抚养。童年的克林顿深受外公和舅舅的影响。他坦言自己从外公那里学会了忍耐和平等待人，从舅舅那里学到了说到做到的气概。

坎坷的童年生活，使克林顿养成了尽力表现自己来争取别人喜欢的性格。他在中学时代非常活跃，总是积极地参与班级和学生会的活动，培养了自己较强的组织和社会活动能力。他是学校合唱队的主要成员，并被乐队指挥定为首席吹奏手。

1963 年夏，克林顿在“中学模拟政府”的竞选中被选为参议员，并因此而被应邀参观华盛顿，这使他有机会看到了“真正的政治”。参观白宫的时候，他得到了肯尼迪总统的接见，不但同总统握了手，还和总统合了影作纪念。

克林顿在此后的 31 年里，一直紧紧围绕着“成为总统”的目标。上大学时，克林顿先读外交，后读法律——这些都是政治家必备的知识修养。离开学校后，他继续奋斗：律师、议员、州长，最后终于达到了自己最初的目标：总统。

积极沟通，让交流方式更畅通

故事话题

有位孤独的老人，无儿无女，又体弱多病。他决定搬到养老院住。老人公布出售他漂亮的住宅，购买者闻讯蜂拥而至。住宅底价 8 万英镑，但人们很快就将它炒到了 10 万英镑。

价钱还在不断攀升。老人深陷在沙发里，满目忧郁。是的，要不是健康情形不行，他是不会卖掉这栋陪他度过大半生的住宅的。

一个衣着朴素的青年来到老人眼前，弯下腰，低声说："先生，我也好想买这栋住宅，但我只有 1 万英镑。可是，假如您把住宅卖给我，我保证会让您依旧生活在这里，和我一起喝茶，读报，散步，天天都快快乐乐的——相信我，我会用整颗心来照顾您！"

老人颔首微笑，把住宅以 1 万英镑的价钱卖给了他。

故事解析

青年因为良好的沟通，用更好的方式同时解决了自己与老人的问题，两个人都拥有了安乐的生活。

日常生活当中，人际沟通是不可或缺的活动，必须养成小心应对、用心体会、虚心检讨的良好习惯。一方面使自己的沟通能力不断提高，一方面促使自己的人际关系获得改善。在愉快中把正当的事情办理妥当，则是我们共同努力的目标。

一般说来，交谈过程中的反馈能够发挥因势利导、顺势牵引的作用。也就是说，沟通者在接收到这种反馈信息时，应当是恰到好处地将这种信息作为重新深化话题的一个契机，这种信息激励着沟通者投入更大更多的交谈热情。

有的青少年学生时常感到很苦恼，他们认为自己的性格比较内向，所了解的知识又十分有限，因而很难与别人谈得上来。遇到意见不一致的问题，更是不知所措。这是每个人成长过程中都会遇到的课题，应当尽力去培养自己的团结合作能力、交际能力以及说服他人的能力。这就需要青少年学生努力去寻找话题并且从中选择出大家都感兴趣的东西。

平时参加交谈，可以随时注意观察人们的话题，哪些能够吸引人而哪些根本就不吸引人，这又是为什么？自己在开口说话时，一定要练习讲一些能够引起他人兴趣的事情，不要提起那些不会产生良好效果的话题。一般在交际场合中，与刚相识的人开始交谈时，不要冒昧提出比较深入或者十分特别的话题，而应当从一些比较平常的话题入手。

有了话题，还必须要有能够言谈下去的内容，不要打开话题以后就显得支支吾吾。要把话题与自己已有的知识充分联系起来。这样既能和谐地解决问题，又能体现你的素质和才能。

故事穿越

英国一个著名的芭蕾舞童星埃利，只有12岁，不幸患上骨癌准备截肢。手术前，埃利的亲朋好友，包括她的观众闻讯赶来探望。

这个说："别难过，没准儿出现奇迹，还有机会慢慢站起来呢。"那个说："你是个坚强的孩子，一定要挺住，我们都在为你祈祷！"埃利一言不发，默默地向所有人微笑致谢。

她很想见到戴安娜王妃，她优美的舞姿曾得到戴妃的赞美，夸她像"一只洁白的小天鹅"。经过别人转达她的愿望，戴安娜王妃终于在百忙中赶来了。

她把埃利搂进怀里说："好孩子，我知道你一定很伤心，痛痛快快地哭吧，哭够了再说。"埃利一下子泪如泉涌。

自从得了病，什么安慰的话都有人说了，就是没有人说过这样的话，埃利觉得最能体贴理解她的就是这样的话！

据说，戴安娜虽出身贵族，却没受过高等教育，她经常说自己笨得像牛，智商不高。但这个故事让我们相信戴安娜一句贴心的话，足以让埃利受益一生。

故事微语

戴安娜因为善解人意，与人沟通的效果很好。她的这个优点为自己积聚了超高的人气，成为人们称颂的对象。

理解和接受别人的需求。如果某人说他想得到什么东西，那么这个东西就是他的需求。有时当别人谈到需要什么东西时，你可能会觉得他所需要的对你来说一点都不重要，此时你最好承认对方的那个需求对他本人来说很重要。你大可不必与对方争论他的需求是否有价值、是否重要。对于你来说最重要的是要了解对方到底有什么需求、到底在想什么。

有时通过共同问题的解决，你也许仍无法找到一个满意的方案。假如你发现失败的原因在于对方的需求太具体化或太不现实，此时你就大有必要对他的需求作一番研究了，研究一下他未表露出来的、更深一层的需求到底是什么。

要使自己成功，你就要对怎样解决问题做好充分的准备。准备工作的一个最重要的部分也许就是既要理解和尊重别人的感情和需求，又要使自己做到既有耐心又百折不挠。

心灵箴言

管理者的最基本功能是发展与维系一个畅通的沟通管道。

——[美] 巴纳德

当我面对一群人，或是大众传播媒体谈话时，我总是假想自己是和“一个人”进行推心置腹的谈话。

——[美] 巴伯

果想要改变自己的人生，就必须谨慎选用字眼，因为这些字眼能使你振奋、进取和乐观。

——[美] 安东尼·罗宾斯

将自己的热忱与经验融入谈话中，是打动人的速简方法，也是必然要件。如果你对自己的话不感兴趣，怎能期望他人感动?

——[美] 戴尔·卡内基

信任队友，就如同信任自己的双手

故事话题

鲁国国君孟孙带随从进山打猎，臣子秦西巴跟随左右。打猎途中，孟孙活捉了一只可爱的小鹿，他非常高兴，下令让秦西巴先把小鹿送回宫中，以供日后玩赏。

秦西巴在回宫的路上，突然发现一只大鹿紧跟在后，不停地哀号。那只大鹿一号叫，小鹿便应和，声音十分凄惨。秦西巴明白了，这是一对母子，他觉得心中实在不忍，于是便把小鹿放在地上。两只鹿撒腿跑进林子里不见了。

孟孙打猎归来，秦西巴对他说放走了小鹿，孟孙一下子火冒三丈，把秦西巴赶出宫门。过了一年，孟孙的儿子到了念书的年龄，孟孙要为儿子找一位好老师。

许多臣子都来向孟孙推荐老师，孟孙一一接见这些人，但他总觉得不是十分满意。突然他想起了一年前被自己赶出宫去的秦西巴，心中豁然开朗，立即命人去寻找秦西巴，并把他请回宫来，拜他为太子老师。

臣下对孟孙的做法很不理解，他们问道：“秦西巴当年自作主张，放走了大王所钟爱的鹿，他对您是有罪的，您现在反而请他来做太子的老师，这是为什么呢？”

孟孙笑了笑说：“秦西巴有一颗仁慈的心。他对一只小鹿都生怜悯之心，宁可自己获罪也不愿伤害动物的母子之情，现在请他做太子的老师，我可以放心了。”

秦西巴的仁慈之心，终于被派上了用场。

故事解析

孟孙启用曾经冒犯自己的秦西巴担任儿子的教师，是源于自己对他的客观了解。信任是善于用人的一种表现。团队内，人与人相互信任，才能避免精力的很多无谓消耗，人们能够集中精力在共同的任务上，更好地完成它。

有时候，由于我们对自己及他人乃至整个社会存在着这样那样的不信任，才使我们失去了许多本该得到的东西。

一个人只有被他人充分理解、信任之后，才能最大限度地发挥自己的能力，甚至会创造奇迹。“德高容乃大，无私天地宽”。一些历史人物在信人、用人上不计前嫌，敢于坚持正确的见解，不怕得罪人，是值得我们称道的。

没有信任的团队，是无法形成强大的向心力和凝聚力的，在竞争中，他们总会被对手找到漏洞，各个击破，最后落得失败的下场。

没有信赖做基础，每个人都会试图保护自己眼前的利益，但是这么做会对长期的利益造成损害。信赖是一种开放的格局，是人与人之间最重要的情谊，人们最值得骄傲的就是自己可以得到别人的信任，自己的所作所为能够无愧于心，并与人坦诚地沟通。去信任我们的“战友”，同时也让自己成为值得信任的人。

如果你相信别人，别人也会相信你。你以什么样的态度或方式对待别人，别人也会以什么样的态度或方式来对待你。信任是合作的基础，而相互合作的人就像战场上同一战壕的战友，你要相信你的“战友”。

故事穿越

鳄鱼模样凶恶，行为凶残，在动物世界里名声不大好，因此，它几乎没有什么朋友。但它也很想找个好朋友，它想与它好好相处，决不伤害它。

一天，一只牙签鸟飞到岸边的树上歇息，水中的鳄鱼十分高兴地望着牙签鸟说："你好啊，我能和你交朋友吗？"

牙签鸟见是鳄鱼，警觉地说："与你交朋友是非常危险的，我不能答应你。"

"可我实实在在需要朋友啊，我想您就很适合，我们可以相互帮助，相互受益的。"

"可是，叫我如何相信呢？有的坏蛋说的比唱的好听，实际上心肠狠毒。"

"与人相处不能只听其言，而要观其行。请你相信我，我需要你这样的朋友帮我清除牙垢，你也可以解决食物问题。"

牙签鸟见鳄鱼态度十分诚恳，而且自己也饿得十分难受，便飞进鳄鱼的嘴里，把鳄鱼牙缝中的食物叼出来吃掉。鳄鱼真的没有伤害牙签鸟，它们成了好朋友。

故事微语

现实生活中，如果你因为害怕受伤害而没有对你的朋友付出真诚与信任，那么，你也将得不到别人的真诚与信任。所以，对待朋友，一定要真诚地信任他。你可能会受伤害，但如果你不这样做，那你永远不会有真正的朋友。

"一个篱笆三个桩，一个好汉三个帮。"一个人在社会生活中，不可能永远孤军打天下，总会有与别人携手合作的时候。事实上，我们几乎每天都会碰到许多必须与别人合作才能完成的事情，学会与别人愉快而有效的合作，无疑将会给你的生活和学习带来高效率和愉悦的心情。因此，可以说合作关系是人际关系的另一面镜子。

与别人合作关系差的人，其人际关系往往也很差。因此，从合作关系之中，我们可以建立良好的人际关系；从人际关系之中，我们可以巩固彼此的合作关系，这是互动的。

其实，了解别人也是一种能力，而不仅仅是一种态度。在很多情况下，我们都是感情用事，不够理智，不懂得换位思考，这为我们带来了许多麻烦，所以我们每个人都应该以一颗包容的心，忍受别人不合理的行为，学会去欣赏并接受不同的生活方式、文化等。

学会与别人合作有很多的技巧，不是说你仅有一颗真诚的心就可以了。要与人合作必须了解别人，只有了解别人，才谈得上合作，只有对别人有了充分的了解，才能扬其长、避其短，使其有信心与你共事。

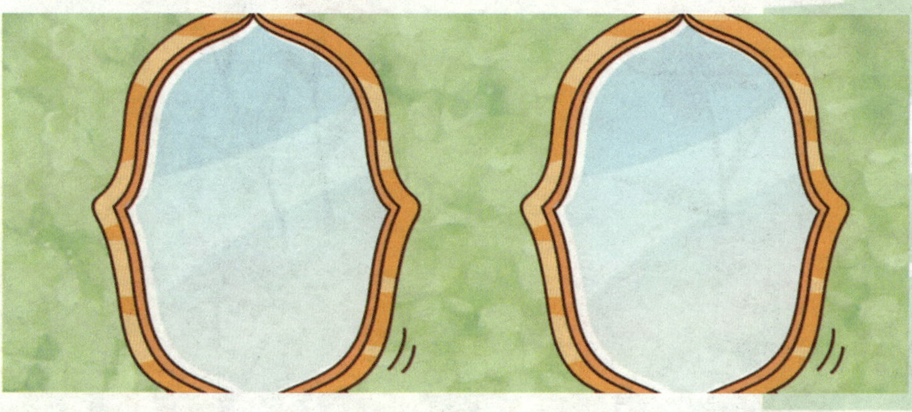

心灵箴言

要做真正的知己，就必须互相信任。

——[俄] 列夫·托尔斯泰

司令官与他的部队之间的相互信任是无价之宝。

——[英] 蒙哥马利

最大的挑战和突破在于用人，而用人最大的突破在于信任人。

——马云

当一个人受到公众信任时，他就应该把自己看作为公众的财产。

——[美] 杰弗逊

第三篇

积极进取，在合作中成长

合作可以理解为：为了共同的目的或任务，合作主体的相互认同、接纳，各自的独立性和责任感的共同构成。合作是一种极为普通的行为，做任何事情都应该记住：只有合作，才能进步；只有合作，才能发展。

完善自我，取人所长补己之短

故事话题

科学发现的两大武器是科学实验和辩证思维，简单说来，就是“试”和“想”。我们通过观察或实验，或者向大自然索取第一手资料，或者发现新现象，经过思维，把这些分散的资料联系起来，使之成为一个完整的新的思想体系。实验与思维，二者不可偏废。

英国科学家哈雷问牛顿：“你为什么会有如此重大发现？”牛顿说：“由于不断思索的结果。”有些人长于实验，有些人善于思维，兼备这两种才能，甚为重要，但却很不容易。历史上有些重大发现，是这两种人共同协作的产物。行星运动三大定律的发现，就是这方面的范例。

丹麦天文学家第谷用了 30 年的时间，长期观察行星的运动，积累了丰富的资料。他的观察才能非常出色，却不幸短于理论分析。幸运的是，在他逝世的前一年，请到一位德国青年开普勒当助手。

后者恰好相反，观察技术并不高明，但理论研究却很有才华，而且酷爱数学。通过对第谷资料的分析，他起初假设太阳绕地球转，误差总是很大，与观察不符。于是改用日心说，假设火星绕太阳做圆周运动，计算结果仍不理想。最后他大胆创新，提出了“火星的运动轨道是椭圆，太阳位于椭圆的一个焦点上”的假设，结果与观察资料十分符合。

就这样，第谷的精确观察与开普勒的深刻研究相结合，引导出行星运动三定律的发现。如果没有开普勒，第谷的辛勤积累也许会成为一堆废纸；反过来，没有第谷，也根本不会有开普勒的卓越成就。

故事解析

通过团结、合作，一个人的短板能够得到他人的补充与矫正，团队的成功同时也昭示了个人的完善与成功。

要想获得事业上的成功，主要有两个关键。首先，在工作中，同事之间要相互学习，取长补短。其次，在工作中，我们要讲求配合。

俗话说：孤掌难鸣、独木不成舟。一个涉入社会生活的人，必须寻求他人的帮助，借他人之力，方便自己。一个没有多少能耐的人必须这样。一个有能耐的人也必须这样。就算我们浑身都是铁，也打不了几个铆钉。何况我们大多烂泥一团，没有多少真材料。不过，“他人”只是一个泛泛的概念，有些不着边际，而且这些“他人”大多都是你的陌路人，不太熟悉的人，关系很一般的人，他们大多都不能实际地帮助你，具体地帮助你。“他人”中只有一种人能够实际地帮助你，具体地帮助你，那就是——朋友。这些贴近你的亲朋好友，总是给你各种各样的帮助。你遇有危难紧急，总是他们帮你排忧解难，渡过难关。或者当你吉星高照时，也是他们为你抬轿唱喏。朋友，是一个特定的圈子。圈子虽小，作用却难以估测。

一个人，无论在工作、事业、爱情和消闲哪方面，都离不开人与人之间的相互帮助。朋友就是如此。因为各人的能力和局限，以及人际关系所不同，而必须相互帮助。借朋友之力，正是一个人高明的地方。

故事穿越

越国人甲父史和公石师各有所长。甲父史善于计谋，但处事很不果断；公石师处事果断，却少有心计，常犯疏忽大意的错误。两个人交情很好，所以他们经常取长补短，合谋共事。他们虽然是两个人，但好像是一个心。这两个人无论一起去干什么，总是一帆风顺。

后来，他们在一些小事上发生了冲突，吵完架后就各奔东西了。当他们各自行事的时候，都在自己的政务中屡屡失败。

一个叫密须奋的人对此深感惋惜。他哭着劝诫两人说："你们听说过海里的水母没有？它没有眼睛，靠虾来带路，而虾则分享着水母的食物。这二者互相依存，缺一不可。

"西域的二头鸟有两个头共长在一个身子上，但是彼此争斗，互不相容。两个鸟头饥饿的时候互相啄咬，其中一个睡着了，另一个就往它嘴里塞毒草。睡梦中的鸟头咽下了毒草，两个鸟头就会一起死去。

"北方有一种肩并肩长在一起的'比肩人'。他们轮流着吃喝、交替着看东西，死一个则全死，同样是二者密不可分。现在你们俩与这种'比肩人'非常相似。你们和'比肩人'的区别仅仅在于，'比肩人'是通过形体，而你们是通过事业联系在一起的。既然你们独自处事时连连失败，为什么还不言归于好呢？"

甲父史和公石师对视着会意地说："要不是密须奋这番道理讲得好，我们还会单枪匹马受更多的挫折！这是何苦呢！"于是，两人言归于好。

故事微语

历史上两人取长补短，完成使命的例子很多。这是合作、团结能够带来的优势之一。每个人都有短处，能够寻找到恰到好处弥补自己缺憾的人是一种幸运，两人能够愉快、顺利合作，就是两人的成功。

借朋友之力，使用他人为自己服务，以让自己能够高居人上，这是一个人很难能可贵的地方。尤其对自己所欠缺的东西，更要多方巧借。

不仅帝王将相需要借他人之力（帝辇虽高，却须将帅垫托），就是平民百姓也离不开三朋四友。这样，平时有个三长两短，紧急偶然，也有几个说话的，帮衬的，遇事方能应付。俗话说：一个好汉三个帮，一个篱笆三个桩。好汉也离不开帮手，篱笆要站稳，离不开几个桩。这都是在讲利用他人之长，借用朋友之力。

一个人在社会中，如果没有朋友，没有他人的帮助，他的境况会十分糟糕。普通人如此，一个成就大事业的人更是如此。如果失去了他人的帮助，不能利用他人之力，任何事业都无从谈起。

心灵箴言

自然界的所有差异，换来了整个自然界的平静。

——[英] 蒲柏

性格不合是分手的借口，倘若要和好，就会把它说成性格互补。

——张学友

不但要团结和自己意见相同的人，还要善于团结那些和自己意见不同的人，还要善于团结那些反对过自己并且已被实践证明是犯了错误的人。

——毛泽东

遵守规则，避免恶性竞争

故事话题

20 世纪 90 年代末，上海市决定派一个代表团去欧洲考察关于引进摩托车生产技术的重要项目。不久便得到一个重要消息：慕尼黑市生产某名牌摩托车的工厂，因无法支付大量债务即将宣告破产，正急于出售整个工厂。

该厂的主要设备都是当时世界最先进的设备，只是急于清理财产偿还债务，因此设备的要价非常低。上海市政府认为这是个绝好的良机，决定购买，并派一个由 15 人组成的专家团赴德进行技术考察，商谈购买事宜，预定于 11 月 2 日启程。

可是突然从德国传来了不好的消息，伊朗商人已抢先签署了购买合同，合同规定最晚付款期限为 10 月 24 日下午 3 时前，否则所签合同无效。上海方面马不停蹄，于 10 月 22 日通知专家团设法当晚立即飞往德国，市政府授权专家团有权签署购买合同，并采取应变措施。经过近一天的飞行，专家团抵达慕尼黑，悄悄住进了市区边上一家避入耳目的小旅馆。24 日下午 3 时，伊朗方面款项未到，合同已无效。专家团闻讯立即出动，直奔该摩托厂，进行购买谈判。

25 日上午，专家团经过全面考察，认为买下全套设备非常合算。下午开始谈判，到深夜正式签下合同，以 1600 万马克买下了该厂全部设备和全套技术软件，比伊朗商人所签合同低 200 万马克，比其他竞争对手的出价也低 500 万马克。上海方面获得了很大的经济效益。

故事解析

市场上，产品、竞争，行销人员之间的竞争，都是彼此间实力的较量。消费者的向背、市场的占有率固然重要，但最终还是要把重点落在增强企业自己的凝聚力，增强自身的经济实力上，使自身不断进步，不断巩固，不断提高，在遵守规则的基础上真正夺取成功。

市场是没有炮火与硝烟的战场，在商业竞争中，任何“尔虞我诈”“鱼死网破”的恶意竞争终归会被滚滚商潮所吞没。商场呼吁平等，人人渴望平等；平等竞争在商场中的作用显得尤其必要。

事物都是相互比较而存在，相互竞争而发展的。无论个人、还是群体，竞争与合作都是为了生存与发展，除生死存亡竞争之外，大都是在共存中竞争与合作，不是对立的和不可调和的。必须主张公平的积极的独立竞争和平等的真诚的互利的合作，把竞争与合作作为动力，促进事物发展，实现自我价值和群体价值。要参与竞争，更要加强合作。

不少青少年甚至成年人认为，竞争就是你死我活，竞争就不能有合作。竞争双方似乎注定是利益截然对立的“冤家”对头。其实，换一种思路看，情况并不一定是这样。在遵循公认的规则基础上进行的竞争必然是良性的，无论输赢赔赚，各方都会心服口服，而且激发提高的动力。

公平竞争也是合作，促进每一个参与者的健康成长。

故事穿越

几年前，有一个外国教育代表团在参观上海一所学校时，一位教育家邀请几个同学做了一个“瓶中抽球”的实验。

将7个彩球放在一个窄口瓶子里，每个彩球都系着线，线的一端露出瓶口，每个人拉住一根引线。

这只瓶子代表一幢房子，彩球代表屋里的人。房子突然失火了，只有在规定的时间内逃出来的人才有生存的可能。

教育家请这7位同学听到哨声便以最快的速度将球从瓶中提出。瓶子的口径很小，一次无法通过两个彩球。

实验开始了，只见这7位同学一个接一个地从瓶里抽出了自己的彩球，才用了3秒钟！这位外国教育专家连呼：“太了不起！我在许多国家做过这个实验，从未成功，至多能逃出一两个人，多数情况下是几个彩球卡住了瓶口。”

合作是一种十分重要的精神，现代社会要求我们学会与人共处。懂得合作是一个现代人必须具备的素质之一。

故事微语

竞争和合作都是社会存在与发展的必要条件。所谓竞争，是指个人或群体在一定范围内为谋求他们共同需要的资源而进行比较、追赶和争胜的过程；而合作则是个人或群体为谋求共同的目的彼此配合的社会行为。

但要判断竞争与合作哪一个更能使文明进步，则要在理论与事实上判断何者更能推进现代社会的发展和刺激个人积极性的发挥，以实现人民共同的目标。从现代社会的发展趋势来看，社会在新陈代谢的竞争中实现，文明在挑战与应战的循环中发展。经济增长作为竞争性的发展过程，导致组织与组织、国家与国家之间竞争力的变换，你追我赶的发展竞争可使落后成为先进，社会就是遵循这种永恒的竞争法则走向现代，走向未来。

从现实效率与公平的目标看，对个人而言，竞争的前提是人人都有机会参与竞争，其结果必然是优胜劣汰，这就能够保证社会公平；竞争的过程就是各尽其能，按劳取酬，这又激励了个人积极性的发挥。

从竞争与合作的内在关系看，竞争是绝对的，合作是相对的。合作以竞争为前提。竞争的压力往往促使人们为了获得更多的资源寻求合作，但合作伙伴的构成与合作策略的确定就必须通过选择，而合作的目的也无非是将每个成员的力量整合为团体的竞争力。

现代社会的存在与发展为竞争提供了良性的社会规则，使竞争在合理有序的条件下顺利进行，从而充分实现其功能。当今时代，竞争不仅是对时代的要求，更是对人性的挑战，每个人都应该积极面对。

心灵箴言

用自己的价值进行竞争不是坏事。

——[日] 武者小路实笃

事无大小，人无高低，均在竞争中生存。

——[日] 大松博文

庄严的大海能产生蛟龙和鲸鱼，清浅的小河里只有一些供鼎俎的美味鱼虾。

——[英] 莎士比亚

生活是一个宏伟的竞技场，大家尽可以在那里进行争取胜利的较量，但必须老老实实地遵守比赛规则。

——[俄] 帕斯捷尔纳克

大局为重，优先考虑团队利益

故事话题

在第 27 届奥运会上，女子 20 公里竞走开始了。我国的刘宏宇和王丽萍参加了比赛。

刘宏宇以自己的实力，走在了第一集团，但她已吃了 2 张红牌。按规定，受到 3 次红牌警告，运动员将退出比赛。刘宏宇想要在不吃牌的情况下追上领先的 3 位外国选手是不可能的事。

刘宏宇观察到队友王丽萍处于第二集团的领先位置，决定采用牺牲自己的战术。尚未到最后冲刺的阶段，刘宏宇突然奋力向前猛冲。

领先的外国运动员的战术被打乱了，她们有的由于拼光了体力无法继续领先，有的因体力消耗过大，技术动作变形被罚出场。王丽萍最终捧得金牌。

故事解析

运动项目的团队合作比例很大，一个运动员往往代表着该项目自运动员至管理者的整个团队。刘宏宇审时度势，利用牺牲个体的方法，为集体赢取了宝贵的金牌，是他们团队的荣誉与胜利。

董必武同志在 70 寿辰时，写过一首诗，其中两句是：“冲决诸网罗，首要在忘我”。“忘我”是衡量一个人精神世界的重要标志。“心底无私天地宽”。“忘我”才能“无私”，才能待人以诚，助人为乐，先人后己，这也是老一辈无产阶级革命家给我们的精神财富，成了指导我们行动的一条准则。

类似的例子可以举出许多。尽管他们的事迹各具风采，但有一点则是共同的：“忘我”。一事当前，首先想到谁，是很能体现出一个人的理想和道德情操的。

在待人、合作问题上，“忘我”是个很高的思想境界。“我”并不是那么容易“忘”的。有时甚至要经历一番磨砺，一番痛苦，从不自觉到自觉。前苏联小说《大后方》中，老共产党员瓦尔瓦拉对当选党委书记的女儿安娜·斯捷潘诺夫娜说：“既然选了你，你首先就得把这个‘我’字藏得远一些，做你这种工作，‘我’这个字，像在(俄文)字母表上一样，是最后一个字母。至于‘我们’那就不同了。”这位老布尔什维克的话很发人深省。“我”是客观存在，应该完全溶化在“我们”之中，为事业而存在，为事业而奋斗。这样才可望由“藏我”逐步做到“忘我”。

故事穿越

干旱、寒冷还有偶尔一连几天无边的饥饿……恶劣的生存环境，再加上虎豹等大型食肉动物的威胁，以及人类工业化的步步紧逼，在食肉动物中体型并不十分占优势的狼为何能成功地生存下来？答案只有一个，那就是团队，长期的自然选择让狼认识到，要想生存下去，除了组成团队，相互之间竭诚合作，别无选择。为狼群，更为自己。

干旱的草原上，野火正熊熊燃烧，很快就把一个小土丘包围了，而土丘上有一个蚂蚁家族，眼看就要遭受灭顶之灾。

就在这千钧一发之际，它们突然从四面八方聚集起来，很快聚成一个大的蚁球，然后蚁球就迎着熊熊的烈火滚去，原来它们是要以这种方式冲出大火的包围，保存有生力量，保证家族的延续。

只见蚁球越滚越大，越滚越快，在经过大火的时候，表面的蚂蚁被大火吞噬，发出噼噼啪啪的声音，空气中立刻弥漫着一股焦糊的味道。但是蚁球最终还是冲出了大火的包围圈，然后重新散开，最后只有蚁球表面的蚂蚁被大火烧死。整个蚂蚁部落还是完整地幸存下来。这不仅让人唏嘘赞叹：它们永远把集体利益放在第一位而表现出的牺牲精神，令人肃然起敬！

故事微语

小小的蚂蚁能够在这个弱肉强食的世界占据稳固的席位，它们的生存充满了智慧与勇气，是人类应该认真研究、学习的对象。

在一个团队里，每一个成员都干着共同的事业，但同时又都干着和别的成员不同的事情。包裹在蚁球外面的蚂蚁，明明知道自己一定会被烧死，但是，为了家族的延续，为了团体的最高利益，它们义无反顾地充当了殉道者，为更多的同类争得了生存机会。在危机面前，永远把团队利益放在首位，这样的团体才是不可战胜的。

在现代企业，培养团队精神越来越受到重视。没有高度统一的团队精神，没有全体参与者的默契与分工合作，要完成一种事业是不可能的。团队业绩是成员共同贡献的集体成果，所以，团队利益永远是第一位的，但这并不妨碍个体利益的实现。但首先要保证团队利益，然后才会有个人利益，因为个人利益来源于团队利益。明白了这个道理，团队中每个成员才会真正为了团队的共同目标，自觉地担负起责任，心甘情愿为此而奉献。

心灵箴言

没人愿意为之牺牲的事业是没有前途的。

——[法] 维伊奥

不可居心发财，想做大官；要立志牺牲，想做大事。

——孙中山

为伟大的事业而牺牲的人，从来就不能算作是失败。

——[英] 乔·拜伦

积累经验，多向前辈学习

故事话题

2012年10月25日23时33分，我国在西昌卫星发射中心用长征三号丙运载火箭，成功将一颗北斗导航卫星发射升空并送入预定转移轨道。这是一颗地球静止轨道卫星，将与先期发射的15颗北斗导航卫星组网运行，形成区域服务能力。根据计划，北斗卫星导航系统将于2013年初向亚太大部分地区提供正式服务。

覆盖中国及亚太大部分地区的16颗北斗导航卫星在他们手中诞生，烙着中国印痕的北斗导航之路从他们脚下延伸，他们为中国人布下了属于自己的“星座”，从此，中国将用自己的卫星搜索道路、俯视大地、调准时间。他们就是中国航天科技集团空间技术研究院总体部北斗导航卫星研制团队，一个平均年龄30岁左右，多数员工都是2009年前后进入航天领域的“超年轻”团体。

北斗卫星导航区域系统从2004年立项到2007年发射第一颗试验星，用了整整3年的时间，跟这颗试验星有关的文件多达1400余份，在这颗试验星的研制过程中，北斗导航卫星设计团队创造了航天领域研制管理上的多个“第一”——率先设计并开发了“IDS”（接口数据单）管理系统，开创了“集同设计”的先河，第一个提出了“风险分析”的概念……这些研制管理上的经验，最后都被总结记录了下来，成为北斗导航卫星研制团队的“秘笈”，凭借这些“秘笈”，北斗导航卫星研制团队的人们，各个都练成了卫星研制的高手。让美国宇航局局长麦克·格里芬也不得不感叹。

故事解析

过硬的团队成果是长年坚持、积极总结经验的结果。一个优秀的团队，必然是善于梳理、总结经验的。对行走、发展的历程做密切的关照，及时检视，为继续前进提供强大的理论支撑。

总结是一门学问。深谙总结之道者，可以从成功中发现经验，从失败中找到教训，进而摸索出事物发展的内在规律。毛泽东等老一辈无产阶级革命家几乎都是深谙总结之道的大手笔，如党指挥枪的原则，批评与自我批评，团结紧张严肃活泼的八字方针等等。

不仅仅成绩是总结出来的，成长、成熟、成功、成就都与不断总结密切相关。好的总结不仅可以揭示过去，还可以警示未来；不仅可以修正自己，还可以启示他人；不仅可以清算错误，还可以彰显正义。

总结需要理智、客观、公正无私、真实全面又凝练升华。只有完成总结经验的工作，任务才是真的完成。

故事穿越

美国是老牌航母强国，目前拥有 10 艘核动力航母。“亚伯拉罕·林肯”号核动力航母舰长帕特里克·D·霍尔海军少将的服役经历是航母舰长培养典型的范例。

霍尔 1982 年从得克萨斯大学“海军后备军官训练队”毕业后被分配到海军舰载机部队，驾驶当时航母上的主力舰载机——F-14“雄猫”。在他的职业生涯中，霍尔共飞过 7 种不同型号的战斗机，有 900 次航母起降经历，是一名拥有 4000 小时飞行经验的老牌飞行员。

之后，霍尔开始担任“艾森豪威尔”号核动力航母的副舰长。他还指挥过 F/A-18C“大黄蜂”舰载机部队，担任过为核动力航母提供补给的“西雅图”号快速战斗支援舰的指挥官，并最终荣任“林肯”号航母舰长一职。

从霍尔的经历可知，在美国海军航母舰长培养体系中，航母舰长不仅要了解舰载机部队，还要熟悉补给舰等“战斗伙伴”；既要懂作战，又要当管家。

作为航母指挥官，职责范围可能远超管理航母、航母编队本身，应具备更广阔的视野和宏观的战略素养。在美国海军中，很多航母指挥官都有机会进一步参与战略层面的决策。霍尔就曾担当美国参谋长联席会议下辖的“常设联合部队指挥部”指挥官，直接指挥过“卡特里娜”飓风之后的救灾行动、针对巴基斯坦的赈灾行动。

在领导针对阿富汗战场组成的第 76 联合特遣部队时，霍尔还在组建“反路边炸弹指挥部”的过程中贡献良多。这些经历足见一名航母舰长所蕴含的强大能量。

故事微语

航母舰长培养就是一个注重经验的积累以及多多学习的过程。

20 世纪 50 年代，美国企业管理学家戴明博士有一个观点：质量不是靠检验出来的，而是靠从源头抓起。接受了这个观点，日本企业飞速发展。

联想集团的柳传志总结联想成功的经营是：搭班子、带队伍、定战略。万科总结出：超过 25%利润的事情不做。解放军是个最善于总结经验、寻找规律的组织。早在红军时期，毛泽东就总结了游击战的 16 字原则：敌进我退，敌驻我扰，敌疲我打，敌退我追。在看不清前面道路的时候，最有效的方法是回头看，从过来的道路中寻找出规律，总结出经验。

总结是一种文化。从形式到内容，从个人到集体，从基层到机关，从口头到书面，从抽象到具体，方方面面，林林总总。总结经验要做到有理、有力、有效，应该形成制度化，把成功的经验上升到理念的高度，而后再通过各种渠道贯彻到全体员工，使企业不断从一个成功迈向另一个成功。

心灵箴言

成功的企业善于总结。

——[日] 松下幸之助

经验包涵着珍贵的学问。

——英国谚语

经验，制造一切未来；经验，是所有过去的成果。

——[美] 阿诺得

经验并非发生在人们身上的事情，而是人们利用所发生的事而做的事情。

——[英] 赫胥黎

互帮互助，在工作中汲取能量

故事话题

北宋名臣张咏，官至吏部尚书。一次，他办完公事回到后厅，见一名守卫正在熟睡。张咏就把他叫醒，和气地问道："你怎么了，是不是家里出了什么事啊？"果然，那人闷闷不乐地回答道："我母亲病了很久，哥哥外出很久了也没有音信。"

张咏听了之后，即刻派人调查，证实了守卫所说的都是实话。第二天，张咏派了一个仆人去帮助看厅的人照料他的母亲，帮他把事情安排好，那人感激不尽。

事后张咏说："在我的后厅怎么敢有人睡觉呢？这人当时睡着了，一定是心里很愁闷，所以我才询问他。"

在生活中，一个充满仁爱之心的人，往往具有很强的亲和力。无论其地位高低，都会赢得别人的尊敬，这样的人无论走到哪里，都会顺风顺水。

故事解析

像张咏这么有人情味的领导，下属能不愿为他尽力做事吗？在团队生活中，一个充满人情味和爱心的人，往往具有很强的亲和力。无论其地位高低，都会赢得别人发自内心的尊敬和爱戴。这样的人，无论走到哪里，必然会诸事顺意。

青年人充满了热情，往往关心别人胜过关心自己。但是，也有人认为关心他人的人是“傻瓜”。

关心他人的人果真是“傻瓜”吗？回答当然是否定的。

这样的“傻瓜”不傻，首先在于他对人类的道德传统能够择善而取，而不是兼收并蓄。在人类的道德园地上，历来是良莠相杂、善恶并存的。然而，道德发展之大势是剔莠扶良、抑恶扬善的。这一点，在对人们道德品质评价上表现得尤为突出。关心他人为善，损害他人为恶，抑恶扬善，这就是社会之公论。

这样的“傻瓜”不傻，从根本上来说，是因为关心他人符合于人的社会性。个人和他人是比较而言的，和个人相对的“他人”实质上不是一个人，而是由许多“他人”组成的集体、社会。个人和集体、个人和社会相互依赖。人的价值存在于团队、社会之中，离开团队和社会的个人是不存在的，是无法生活的。

“鱼欲异群鱼，舍水跃岸则死；虎欲异群虎，舍山入市即擒”，这是以动物喻人不能离“群”；而“皮之不存，毛将焉附”，更是对个人依赖于集体的很好说明。集体、社会也离不开个人，离开个人的集体、社会也是不存在的。个人与集体、个人与社会的这种客观的辩证关系正确反映在人的道德原则上，就是人要关心他人，要视关心他人为善、为美。

故事穿越

老鼠在法语里有吝啬鬼的意思，但最新的科学研究证明，老鼠不吝啬，喜欢互相帮助。

2011 年 12 月 9 日出版的美国《科学》杂志上，发表了法国人 Jean Decety 领导的小组在芝加哥大学进行的实验成果。

实验前，老鼠被一对一对隔离在鼠笼里两星期。其后，研究人员把其中一只独自关在一根狭窄的管道里，并且用一个很小的挡板隔离起来，而且，外面的老鼠要打开这块挡板很难。

关老鼠的地方是透明的，有很多孔，外面的老鼠能够看见和接收到被夹困老鼠发出的求救信号。呆在外面自由的老鼠，会花平均整整七天的时间掀开挡板，救出关在管道里的同伴。

实验初期，外面的老鼠不能打开挡板时研究人员会把挡板打开一半，向它们发出它们可以自己打开挡板的信号。一旦它们掌握了打开挡板的方法，下次就几乎能立刻把挡板打开。

为了证明老鼠的行动不是机械的，研究人员另外在旁边放一只空笼子或放一只老鼠玩具，而这些老鼠根本不愿出力打开这些笼子。

一只老鼠救出另一只后，两只都是很激动的样子。实验还发现，参与实验的六只母老鼠都很踊跃施救，24 只公老鼠中则只有 17 只参与了救援，这也证实了其他研究提供的情况，就是雌鼠一般来讲比雄鼠更愿意帮助别的老鼠。

更让人吃惊的是，面对关着同伴和装巧克力的两只匣子，它们会优先选择救出自己的同伴，然后分享巧克力，不独吞。

故事微语

这个科学研究证明，互帮互助对于物种生存的重要性。臭名昭著的老鼠反而是互相帮助的楷模。

《水浒传》中的林冲，若不是得到鲁智深的关心，性命早就结果在两个差人之手；武松若不是得到十字坡张青夫妇的关心，恐怕不是被官府抓去就是被其他“江湖好汉”所误伤；至于宋江，并无多大本事，若不是他“仗义疏财”，或者说，若不是众将的扶持，他怎能当上梁山好汉中的“一把手”呢？虽为小说，但也都是来自现实生活。

一个人，生病了会得到医生的关心；到商店买东两，会受到服务员的关心；就是自己口中吃的、身上穿的、手上用的，无不是别人“关心”的结果。如果真正是像某些“聪明人”说的那样，“各人自扫门前雪，休管他人瓦上霜”，恐怕世界上一个人也难以正常活下去。

多数人乐于帮助别人，更多的时候，他们希望能给别人帮助，在这个过程中实现自己的价值，证明自己是个有益于别人的人。很多朋友都是开始于求助，发展于帮助，最后以建立深厚友谊而圆满结局的。

因此，你也不必独自硬撑着困难，必要的时候，轻松说出："可以帮帮我吗？"这非但不会损害你的人际关系，反而有利于增加交往的机会。

"可以帮帮我吗？"这句话把别人供奉在比你高的位置，别人自然会喜欢。被帮助的人充满了感激，帮助别人的人充满了成就感，而且在帮助的过程中，你和他为了解决同一个问题而共同努力，相互鼓励，增加了接触的机会，加深了彼此的印象，增进了双方的感情。

心灵箴言

每有患急，先人后己。

——陈寿

最好的满足就是给别人以满足。

——[法] 拉布吕耶尔

君子贵人而贱己，先人而后己。

——《礼记·坊记》

世界上能为别人减轻负担的都不是庸庸碌碌之徒。

——[英] 狄更斯

第四篇

化敌为友，团结一切可以团结的力量

人生活在社会之中，是具有群体性和社会性的，团结是人类求得生存与发展的必不可少的元素。随着社会的进步，自觉团结成为一种传统美德。在中华民族的历史上，一直以团结为贵，以团结为荣。

有容乃大，宽容可以扩大人脉圈

故事话题

萧何与曹参都是沛县人，在秦朝末年的沛县衙门里任小职员，关系十分密切。陈胜、吴广揭竿而起，发动农民大起义，结束了秦王的暴政，却带来了群雄并起的局面。萧、曹两人跟随刘邦起兵争雄，同心同德，是刘邦的左右手。

西汉建立，汉高祖刘邦封侯拜将。他认为萧何的功劳最大最多，力排众议，封萧何为酂(cuó)侯。许多功臣对此都不服气，包括曹参在内。接下来的排位次问题，不少人推荐曹参排第一。一个叫鄂千秋的人发表了不同意见，认为应该萧何排第一，曹参排第二。高祖便顺水推舟，确定萧何排第一。

曹参对萧何产生了忌恨，总是针锋相对或者不合作，两人关系紧张起来。

刘邦百年后，汉惠帝即位，萧何仍然担任宰相。后来，萧何年迈力衰，来日无多。汉惠帝担忧地问他宰相备选人的事情。萧何说："皇上如能得到曹参的辅佐，我死后就没什么担忧了。"曹参因此成为西汉第二任宰相。

曹参接任宰相后，对所有的规章制度都没作任何更改，一切都按萧何的做法去做。惠帝很有意见，曹参说："高祖比陛下贤明，萧何比我能干。高祖和萧何平定了天下，制定的各种法令已经非常完备了。陛下只要垂衣摸手，不必多操心，天下自然而然就太平无事了。我只要一切都遵照萧何的办法去做，就一定会把事情做好的，您说对吗？"惠帝同意了他的看法。

故事解析

萧何与曹参虽然存在过矛盾，但萧何始终不计前嫌，包容大度，还举荐他为相。而曹参也不因萧何已死，就否认他的功绩，而是公开地承认自己不及萧何，尊重萧何治国的举措。两人相互宽容，以国家利益为重的精神难能可贵。

有人嫉妒你，说明你在人格上、学识上、能力上或业绩上有值得被人羡慕的过人之处，正所谓“羡慕生嫉妒”。在这种情况下，必须更加谦虚，更加谨慎，更加尊重和宽容别人，才能化嫉妒为友谊，共同学习、共同提高。

“师不必贤于弟子，弟子不必不如师”。孔子的这句名言，反映了儒家学说在选贤任能方面看重的应有气度和胸襟。我们在工作和学习上常常遇到比自己经验更丰富、学识更渊博、技能更强大的人，这实际上是一个人的幸运和机遇。尽管他们可能有过分自负的一面，但必须学会宽容，真诚爱护，精心培育，使其尽快成长与发展。

在集体、团队中，人们会有各种各样的不如意、相互犯冲的现象，正如英国谚语所说：“世界上没有不生杂草的花园”。但只要我们从团结的愿望出发，从共同的事业出发，从合作的大局出发，怀有一颗大海一般辽阔的宽容之心，学会对别人宽容一些，我们就可以化解矛盾、增加友谊，极大丰富自己的人脉资源，求得共同进步和事业进步。

故事穿越

林肯一向以宽容为怀。在他当上总统后，南北战争爆发了，一开始北方处于劣势，让他终日不得安宁。随之而来的就是别人对他的能力的鄙视，人们认为选举他当总统是犯下了大错。

林肯则对所有鄙视他的人都报以宽容，在他人看来，那几乎是一种自暴自弃的宽容，很没有尊严的宽容，后来终于引起一议员的不满。议员说："你不应该试图和那些人交朋友，而应该消灭他们。"林肯微笑着回答："当他们变成我的朋友，难道我不正是在消灭我的敌人吗？"

一语中的，多一些宽容，公开的对手或许就是我们潜在的朋友。

大文豪雨果 20 岁时与门当户对的阿黛·富谢结婚，婚后俩人便开始了幸福生活，先后育有三男两女。10 年后，意想不到的事情发生了。阿黛突然另有新欢，追随一位作家而去，抛下了共度 10 年的丈夫。

这件事对雨果来说可谓伤透了心，家庭的破碎使他万分沮丧。幸运的是后来他结识了女演员朱莉·德鲁埃，又重新燃起了生活的热情。

阿黛离开雨果后，生活得并不幸福，经济日渐拮据，有一次，她精心制作了一只镶有雨果签名的木盒拿到街头贩卖，以此赚取生活费，恰巧被从那经过的雨果看到。同行的人认为雨果应该当场揭穿阿黛的骗局，让她当众出丑，但雨果却没有那样做。相反，他托人买下了那个木盒。

这个木盒至今仍然陈列在法国巴黎的雨果故居展览馆里。

故事微语

林肯的宽容达到化敌为友的至高境界，这是他深为民众爱戴、同僚钦佩的重要缘由。而雨果也有着远超常人的宽广胸怀，远离冤冤相报的狭隘悲剧轮回，成为人品与作品俱佳的真正优秀者，让世人景仰。

一个想做事特别是想把事情做得更好一些的人，常常有一些新奇的想法，甚至表现得超凡脱俗，很容易引起人们的误解。这些误解就像随在身后的影子，要想把它赶走是徒劳而又辛苦的。既然如此，我们不如超脱自己，宽容别人，让自己从心灵上走出被别人误解的阴影，拿出更多的时间和精力，真诚对人，做好工作，让误解在工作和友好的相处中得到化解与消除。

俗话说得好，“退一步海阔天空，忍一时风平浪静”。宽容有错误的人、有缺点的人，特别是宽容那些冒犯过自己的人，这不仅仅是胸怀、气度的问题，可以说是一种增强友谊甚至是化敌为友的非常智慧。

心灵箴言

能容小人，方成君子。

——冯梦龙

水至清则无鱼，人至察则无徒。

——孔子

一忍可以敌百勇，一静可以制百动。

——苏洵

能下人，故其心虚；其心虚，故所广取；所广取，故其人愈高。

——李贽

给予尊重，是团结的基础

故事话题

美国纽约曼哈顿。一天，一位中年妇女领着一个小男孩走进著名企业“巨象集团”总部大厦楼下的花园，在一张长椅上坐下来。不远处有一位头发花白的老人正在修剪灌木。

忽然，中年女人从挎包里揪出一团白花花的卫生纸，抛到老人刚剪过的灌木上。老人诧异地看了女人一眼，女人满不在乎地回看他。老人走过去将纸团扔进一旁的垃圾筐。这个情节一连上演了六七次。

“你看见了吧！”女人对男孩说：“如果现在不好好上学，将来就跟他一样没出息，只能做这些卑微低贱的工作！”

老人放下剪刀走过来说：“夫人，这里是集团的私家花园，按规定只有集团员工才能进来。”

“我是‘巨象集团’所属一家公司的部门经理，就在这座大厦里工作！”女人高傲地掏出一份证件晃了晃。

“我能借你的手机用一下吗？”老人沉吟了一下说。女人极不情愿地把手机递给老人，同时开导儿子：“你看这些穷人，你今后一定要努力啊！”

很快一名男子匆匆走过来，恭恭敬敬地站在老人面前。女人认出来者是集团主管人事的领导，预感事情不妙。

“我现在提议免去这位女士在‘巨象集团’的职务！”老人说。

“是，我立刻按您的指示去办！”男子连声应道。

老人径直朝小男孩走去，用手抚了抚他的头，意味深长地说：“我希望你明白，在这世界上最重要的是要学会尊重每一个人……”说完，老人撇下三人缓缓而去。

男子对呆若木鸡的女人说：“他是集团总裁詹姆斯先生。”

故事解析

那位女人不能平等尊重别人，为自己的孩子做了反面教材。

其实工作中不管是与谁相处，只要懂得尊重别人才会得到别人的尊重，要做到相互尊重，成就他人，团结协作，共谋发展。

相互尊重是建立在“以人为本”的基础之上的，就是尊重人、理解人、关心人，这是企业全方位的价值取向，是企业核心竞争力之所在。

俗语说：“三军可夺帅，匹夫不可夺志”。不能动辄轻视别人，不能对人傲慢无礼，不能侮辱别人，不能随意破坏别人的劳动成果，这既是尊重别人的人格，也是尊重别人的思想观点和劳动成果。

人家把地面打扫得很干净，你漫不经心地吐上一口痰，那就是不尊重别人的劳动。在生活和工作中，你想让别人怎样对待你，你首先应怎样对待别人。尊重别人就是尊重自己，也才能得到别人的尊重。

上级对下属，下属对上级，平级之间的相互尊重是建立起和谐、团结、强有力的团队的保障。

故事穿越

齐国的相国晏子出使晋国完成公务以后，在返国途中，路过赵国的中牟，远远地瞧见有一个人头戴破毡帽，身穿反皮衣，正从背上卸下一捆柴草，停在路边歇息。

走近一看，晏子觉得此人的神态、气质、举止都不像个粗野之人，便吩咐停车，亲自下车询问。那人如实相告：“我是齐国的越石父，3 年前被卖到赵国的中牟，给人家当奴仆，失去了人身自由。”

晏子赎出了越石父，带他回到齐国。到家以后，他一个人下车径直进屋去了。越石父十分生气，要求与晏子绝交。晏子派人出来说：“我对你已经很不错了，为什么你这么快就要与我绝交呢？”

越石父说：“一个自尊而且有真才实学的人，受到不知底细的人的轻慢，是不必生气的；可得不到知书识理的朋友的平等相待，他必然会愤怒！任何人都不能自以为对别人有恩，就可以不尊重对方；同样，一个人也不必因受惠而卑躬屈膝，丧失尊严。

“晏子用自己的财产赎我出来，是他的好意。可在回国的途中，一直没有给我让座。我以为这不过是一时的疏忽，没有计较；现在到家了，他只管自己进屋，连招呼也不跟我打一声，这不说明他依然把我当奴仆看待吗？我还是去做奴仆干净，请再把我卖了吧！”

晏子赶紧出来施礼道歉，诚恳地说：“我现在才真正发现了您非凡的气节和高贵的内心。请您原谅我的过失，行吗？”

从此，越石父成为晏子家的座上宾。

故事微语

尊重他人是不应该有条件的，而是人格上的平等对待，是绝对的，一致的。晏子也犯了将尊重人与施人恩惠混同的错误，冒犯了越石父。不过他能够很快幡然醒悟，纠正了自己言行的不妥，加强了自己的团结力。

团结的前提是一定要互相尊重，工作岗位有高低、轻重，但没有贵贱之分。一个人的力量毕竟很小，要把一件事情做好，就要尊重他人，与别人搞好团结，团结起来力量大。

要管理好一个团队的成员，首先要尊重团队成员，能够真诚地对待团队中的每一个人。如果你能够真诚而不虚伪地对待每一个人，尊重他们，尊重他们的感受，并给予真诚的回报，那么，他们也会真诚地对待你和身边的同事，久而久之，就会形成一种真诚、团结的文化氛围。

心灵箴言

尊重人才，培养人才，是通用电器长久不败的法宝。

——[美] 杰克·韦尔奇

青年男女应当保持真诚的关系，也就是说，要有这样一种关系：无论对任何事物，不夸大，也不低估。如果彼此不欺骗，如果尊重自己也尊重他人，这时候，不管保持什么样的关系——友谊的、爱慕的等等关系——那都是健全的关系。

——[苏联] 马卡连柯

一个班集体，一旦用“尊人者，人尊之”的思想统帅起来，一旦成员们都在言行中尽可能多地用尊重别人的方式，获得别人对自己的尊重，这个集体就会产生极大的凝聚力，每个生活在集体中的人都会感到幸福、自豪，从而发挥出巨大的潜力，取得意想不到的好成绩。

——魏书生

求同存异，捍卫别人说话的权利

故事话题

20 世纪 50 年代的世界外交舞台似乎专为周恩来而设。1954 年日内瓦会议上，周恩来“舌战群儒”“赢得了外交舞台第一流人物的地位”。1955 年，在躲过克什米尔公主号暗杀事件后，周恩来不畏艰险出席万隆会议，再次淋漓尽致地发挥了折冲樽俎、协和万邦的外交艺术，数次力挽狂澜，将会议一步一步引向求同存异、和平共处精神的胜利。

会议召开之初，总体上还是倾向于亲善和合作。但在第一天会议快要结束时，伊拉克的发言人法迪尔·贾马利开始疯狂地攻击共产主义。他的发言激起了轩然大波，第二天，大会公开发言形势继续急剧恶化。

周恩来当机立断，抓住时机发表了演说，第一句话就掷地有声地指出：“中国代表团是来求团结而不是来吵架的。”先前紧张的会场气氛一下子松弛了下来。他发言中一贯始终的中心思想——求同存异，实际上为与会国提供了互相合作的基本准则，而这也是后来被称为“万隆精神”的主干。

随后中立国家与亲西方的国家为中立和结盟问题又吵得不可开交。在这个过程中，周恩来几乎一言未发。当中立国领导人印度总理尼赫鲁被亲西方国家攻击得异常愤怒时，周恩来站了出来，灵巧地避开争论，重申求同存异的主导思想，宽宏大量地建议把有人不喜欢的共处改为联合国宪章中的和平共处，将 5 项原则改为 7 项原则。

这次外交活动有效地赢得了亚非国家的同情与支持，打破了中国的外交僵局。

故事解析

周恩来是著名的外交家，他的成功与他求同存异的豁达胸怀有不可忽视的密切关系。国与国、民族与民族之间的差异形形色色，只有求同存异才是最为有效的解决方法。

法国的启蒙思想家伏尔泰说："虽然我不同意你的观点，但我誓死捍卫你说话的权利。"这是西方人对尊重个体与尊重自由的呐喊。而在东方，讲究的是包容，是海纳百川，是泽被万物，是儒家这一主体思想对外来佛教的包容与融合。是接受彼此的差异化，求同存异，是和谐共处，因此这一文化之源流几千年不断绝。

星云大师谈到佛教传到中国时，颇有感慨地说道：中国和佛教始终是和谐的。佛教文化被悠久的中华文化所接纳，并且继续发扬光大，成为中国的佛教。佛教对得起中国，中国也不负佛教，正是两者之间相互的包容造就了这和谐的一切。接着，大师说了一句朴实却振聋发聩的话：你可以不信，但不必排斥。这不仅适用于对宗教的信仰，也适用于每个人为人处世，待人接物。做人需要求同存异。

故事穿越

意想不到，一个小小的“0”，掀起一场轩然大波……

化学家在书中写道：“0是氧的化学元素符号。没有氧就没有生命，0是一切生物的命根子！”数学家摇头晃脑道：“非也，非也。0怎么会是氧？它明明是什么都没有的0！一切从0开始，没有0就没有一切。”

英语教师听了，连连说：“NO，NO。它明明是O、P、Q的O。没有O，就没有OK。没有OK，世界就失去了诗意。”

长跑运动员对0发表一番新颖的见解：“它是我的跑道呀。我天天踏着它前进，任何一个运动场里，都躺着一个巨大的0！”

长跑运动员的话，引出天文学家的一席高论：“不，不，在我看来，0象征着地球的轨道！春往秋来，一寒一暑，地球绕太阳公转，在浩瀚的太空中画了一个0。”

几何学家发言了：“在几何学上，0叫椭圆。任何圆，除了从正上方观看之外，从其他角度看过去都成了一个椭圆！正像原子核外的电子轨道是圆形的，可是画家们总是把它画成椭圆形。”

争吵声传入作曲家的耳朵。他正在构思一首小夜曲，而嘈杂的声音使他无法静下心来创作。“在我看来，0是休止符！”

作曲家的话给这场“马拉松”争论画上了休止符。从此鸦雀无声。

故事微语

故事说明，即使对于同一个事物，每个人、每种专业角度的考虑也是千差万别的。“一千个观众眼中有一千个哈姆雷特”，世界充满了不同的声音。对于一个团队，要想成就一番业绩，求同存异的原则是必要的。

世上的事物千差万别，人与人之间也存在着众多的差异，生活背景、生活方式、个性、价值观等的差异，让我们的相处也存在着或多或少的困难，无所谓希望或者失望、信任或者背叛，我们所能做的只能是相互尊重、相互包容、求同存异、真诚相对，而不必强求一致。

正是因为这种差异性的存在，在客观上便要求我们要做到“求同存异”，即在寻找相互之间相同的地方的同时，也要尊重相互之间客观存在的差异性，从而实现相互之间的合作。因此，要做到“求同存异”，“尊重”是基础，而且还需要有耐心、能包涵、心胸开阔。如果能将这一条与取长补短、开诚布公协调运用，那么，不仅双方能表达得更为舒畅，而且还能从中学到不少的新东西。

我们要逐渐学会求同存异，保留相同的利益要求，与人相处也要照顾别人的利益，在自己的利益与别人的利益之间求中间值，让自己的利益和别人的利益都得到实现。

心灵箴言

指头是同日同时生的，但它们全不一样。

——维吾尔族谚语

要尊重每一个人，不论他是何等的卑微与可笑。要记住活在每个人身上的是和你我相同的性灵。

——[德] 叔本华

每个人都有自己的特点，没有两个人一样的；真是人跟人各异，石头跟石头不同。然而大家合在一起，就成了相互交织在一起的群英谱。

——[俄] 富尔曼诺夫

请多赞美，学会用语言艺术打开僵局

故事话题

著名成功学家拿破仑·希尔从小被认定是一个坏孩子。与邻居的女儿相比，他显得野蛮粗鲁；与老教师的外孙相比，他显得孤陋寡闻；与女佣的儿子相比，他显得更加淘气；与自己的哥哥相比，他显得更不通人情……家人和邻居甚至认为他是一个应该下地狱的人，无论何时出了什么坏事，都认为是拿破仑·希尔干的。

9岁时希尔的母亲病逝了。一年后，爸爸再婚，继母叫玛莎。与教堂和社会的重压相比，玛莎在拿破仑身上下的功夫远远地超出了前两者。她耐心地和这个麻烦的继子建立起一种亲密的个人关系。她不强迫这个顽固暴躁的孩子做什么事情，相反，她想象他成为她希望的那种人——一个聪明、勤奋、独立的小伙子，会建立对自己有助益的目标并去实现。她的耐心和尊重得到了回报。拿破仑11岁时，一天玛莎把他叫到起居室，和他进行了一次私人谈话。

“别人都误会了你，拿破仑，”她说，“你不是县里最坏的孩子，只不过最好动罢了，你需要把自己的精力投入到一些有意义的事情上。”在谈话过程中，玛莎建议拿破仑考虑一下，将来要不要当个作家，因为他有丰富的想象力和充沛的首创精神。“如果你把捣蛋的时间花到阅读和写作上，”她总结说，“你会看到你的影响遍及全州的那一天。”

在玛莎的帮助下，希尔顽强地克服了自己性格中的弱点，逐步走向了成功。

故事解析

拿破仑·希尔的命运因为遇到了擅于赏识别人的玛莎而得到了根本扭转。出于细心观察、恰到好处、正面向上的赞美是挽救小希尔这样一个几乎就要成为人类败类儿童的关键。

如果要别人同意你的意见，用争辩或威力，再引用逻辑方式坚持你的观点，并不见得可以收到好效果。假若一个人心里对你不满或有恶感，你就不可能用宣传式逻辑方式去感化他们，好责骂的父母、争横的丈夫和上司、长舌的妻子都应该知道。不能勉强或驱使他人同意你，但是假如换了用温柔友善去诱导他们，却可使他们同意于你。

西方有句古话说：“一滴蜜比一桶毒药所捉住的苍蝇还多。”对人亦如此，你要想得到别人的同意，先要使他相信你是他的一个朋友，就如同一滴蜜吸住了他们的心，这才是达到你理想的有效方法。

故事穿越

据气象台的天气预报，最近将有台风袭击一座海滨小城。小城里的百姓惊慌起来，积极地投入到预防工作中。一位母亲忙碌着，旁边站着她的小女儿。

“这该死的台风……”母亲一边收拾东西，一边诅咒。

“我喜欢台风，”旁边的小女孩不同意母亲的说法。

母亲感到很诧异，因为台风破坏力极强，毁坏庄稼、吹倒房屋、阻塞交通，给人们生活带来巨大的不便并造成损失，可眼前这个“小不点儿”居然说她喜欢台风。

“孩子，告诉妈妈，你为什么喜欢台风？”母亲小心翼翼地问。

“上次台风来了，就停了电。”小女孩不假思索地回答。

“停了电又怎么样？”

“晚上就会点蜡烛。”

“你喜欢点蜡烛？”

“是的，那回（指上次台风吹过的晚上）我点着蜡烛走来走去，你说我像小天使。”

母亲顿时无言，旋即放下手中的活计，抱起小女孩，亲吻着她的小脸蛋，凑近她的小耳朵并说了一句话：孩子，你永远是天使！

故事微语

赞美不过是几句话的事，力量却可以很强大，甚至能够颠倒是非。就是因为母亲对自己的称赞，让小女孩对自己有了自信心，她牢记受到赞美的情景，并且希望再次接受，即使是台风她也欢迎。

在社交活动中，恰如其分地赞美对方，能创造一种热情友好的气氛，能使彼此的心情更加愉悦舒畅，彼此间和谐地相处共事。所以有人说，赞美别人是一门搞好人际关系、拓宽业务面的必备功夫；某些场合实事求是地赞美自己，也可以增强说服力。

美国著名心理学家威廉·詹姆士说：“人类本性上最深的企图之一是期望被赞美、钦佩、尊重。”心理学研究表明，爱听赞美是人们出于自尊的需要，是渴求上进，寻求理解、支持和鼓励的表现，是一种正常的心理需求。赞美就像暖人心灵的阳光。在社交活动中，适时给予别人真诚的赞美和夸奖，别人会感到喜悦和兴奋；而作为你自己，也会从中感到快乐，甚至幸福，从而加深双方的友谊，也创造了和谐的工作环境；另一方面在某些场合，如求职面试现场，实事求是地给予自己肯定和赞美，也会收到较好的效果。

赞美应该是以客观事实为基础的、发自内心的肯定和赏识。真诚赞美别人其实也是自己进步的开端。只有当自己抱着开朗、乐观的态度面对生活时，才能被别人的优点和长处所吸引；只有当心胸开阔，对人对己有足够信心的时候，才能由衷地赞美别人，才能和谐地与人相处共事，赞美能够帮助你打造坚实的人脉关系。赞美是一种艺术，正确运用这门艺术，会让你在社交活动中获得成功。

心灵箴言

称赞不但对人的感情，而且对人的理智也起着很大的作用。

——[俄] 列夫·托尔斯泰

要改变人而不触犯或引起反感，那么，请称赞他们最微小的进步，并称赞每个进步。

——[美] 卡耐基

赞扬是一种精明、隐秘和巧妙的奉承，它从不同的方面满足给予赞扬和得到赞扬的人们。

——[法] 拉罗什夫科

情感投资，让团队变得有人情味

6 故事话题

日本麦当劳的社长藤田田在所著畅销书《我是最会赚钱的人物》中，将他的所有投资分类研究回报率，发现感情投资在所有投资中，花费最少，回报率最高。

藤田田非常善于感情投资，他每年支付巨资给医院，作为保留病床的基金，当职工或家属生病、发生意外时，便可立刻住院接受治疗，避免了在多次转院途中因来不及施救而丧命的事情发生。

有人曾问藤田田，如果他的员工几年不生病，那这笔钱岂不是白花了？藤田田回答："只要能让职工安心工作，对麦当劳来说就不吃亏。"

藤田田还有一项创举，就是把从业人员的生日定为个人的公休日，让每位职工在自己生日那天和家人一同庆祝。

日本的企业家还很重视企业的家庭氛围，他们声称要把企业办成一个"大团队""大家庭"，因而注重为员工搞福利，为员工过生日。当员工结婚、晋升、生子、乔迁、获奖之际，都会受到领导的特别祝贺。这些做法使员工感到企业团队是自己的家。

曾对日本桑德里公司的发展起了重要作用的佐田在刚进公司不久，他的父亲便去世了。得知这一消息的公司总裁岛井信治郎率领全体员工到殡仪馆帮忙，丧礼结束了，岛井信治郎又叫了一辆出租车，亲自送佐田和他的母亲回家。

后来，佐田当上了主管，常对人提起这桩事："从那时起，我就下决心，为了老板，即使是牺牲生命，也在所不惜。"

《我是最会赚钱的人》

故事解析

人是有感情的，朋友之情，恋人之情，父母之情，姐妹之情等等。情感需求是人生需求金字塔中最高层次的需求。法国企业界有句名言：“爱你的员工吧，他会百倍地爱你的团队。”国外有远见的企业家从劳资矛盾中悟出了“爱员工，团队才会被员工所爱”的道理，因而采取软管理办法，的确也创造出了“家庭式团结”的团队。在团队中有这样和睦、相互关心的成员关系，成员怎么会不努力地工作呢？

中国人的感情取向与文化传统决定了感情因素在中国人的心目中占有很重要的位置，甚至决定了人们的行动目标和方式，即使在当今所谓“重物质轻精神”的时代，这种状况依然存在。

西方管理研究著名的“霍桑试验”表明，员工的工作绩效很大程度上与团体内部的情绪有关。在企业内部建立“关怀”文化，有助于使员工的情绪保持在较为理想的水平上面，提高工作效率，增强团队凝聚力。当组织内部发生冲突的时候，就可能导致员工在工作上的矛盾深化，还可能加深在生活当中的隔阂。人的情绪和认知不是完全一致的，管理者应该做出及时的调控。

故事穿越

天狮集团对离职人员，不管是个人主动离职的还是被集团解职的，人力资源部都要与之谈话，问他们为何离开？如果时间能倒退，企业怎样做才能留住他？并请他们填写离职档案，留下他们的意见，讲出离开的真实原因。员工离开时，集团公司还要通过不同形式进行欢送，让员工走得非常愉快。

惠普美国公司的一家子公司对待跳槽的员工是：不指责、不强留，利索放人，握手话别。一个离开者说：惠普每年要花不少钱用在人才培训上，有的人来惠普就是为了镀金，学了本事待价而沽。对此，公司的管理层认为，人家愿意来，说明惠普有吸引力；人家想走，强留也不会安心。再说，电脑业本来流动率就高，当初选进的人才不见得都符合惠普的要求。退一步说，优秀人才到外面去服务，也是惠普对社会的贡献，符合惠普一贯坚持的“互胜”精神。

麦肯锡咨询公司有一本著名的“麦肯锡校友录”，即离职员工的花名册。他们将员工离职视为“毕业离校”，离职员工就是他们遍布各处的“校友”，其中不乏CEO、高级管理人员、教授和政治家。麦肯锡的管理者深知，随着这些离职咨询师职业生涯的发展，他们将会成为其潜在客户，无疑会形成一大笔资源。麦肯锡一直投巨资用于培育其遍布各行业的“毕业生网络”，事实证明，这一独特的投资为公司带来了巨大的回报。

故事微语

团队的类型很多，比如问题解决型团队，自我管理型团队，多功能型团队等。顾名思义，团队就意味有强大的群体力量，而不是个人英雄主义。经验表明，一个成功的团队一定需要情感来做支持。互帮，互助，团结友爱，相互关心的那份情感。团队的力量固然很大，但是情感的力量更是强大。情感可以撑起团队精神和团队的力量。

小事往往是成就大事的基石，团队领导能在许多看似平凡的时刻，勤于在细小的事情上关怀成员，这种关心与爱表现在成员的工作上，相互交往上，也表现在生活上，比如在同事生病时的嘘寒问暖，为单身同事搞一次周末聚餐，给恋爱初期的年轻人放上一天“恋爱假期”，或者在情人节发放“恋爱津贴”，为年老的员工组织定期的体检。

这些企业的统一安排、同事间发自内心的关怀行动，在企业形成了自发互帮互助的风气。在成员灰心、遭遇逆境时便可以得到精神上的鼓励和支持。

企业管理者可用心去领导和影响、强调这样一个有力的信息：“我们在一起，我们是一个团队”，经常用“毛毛细雨”去灌溉员工的心灵，成员会像禾苗一样生机勃勃，茁壮成长，最终结出丰硕的果实。

心灵箴言

一切使人团结的是善与美，一切使人分裂的是恶与丑。

——[俄] 列夫·托尔斯泰

为职工多花一点钱进行感情投资，绝对值得。感情投资花费不多，但换来员工的积极性产生的巨大创造力，是任何一项别的投资都无法比拟的。

——[日] 藤田田

每当我们给个人一种影响的时候，而这影响必定同时应当是给予集体的一种影响。

——[苏联] 马卡连柯

第五篇

努力融入，让自己成为团队的一份子

要深度融入团队，享受共同奋斗的成果，需要自己方方面面的提升：诚信友善品格、乐观积极的心态、为人处世的正义原则、良好的处事技巧等等。在日常生活中时时刻刻注重自身的提高，团队生活才会更美好。

与人为善，是迅速融入的法则

故事话题

著名演员葛优相貌平平，甚至略显丑陋，他能够成为成功人士，与他善待他人的品格休戚相关。他性格温和、为人厚道是出了名的。

在某次演出的间隙，葛优没有戴眼镜、蒙口罩，和剧组的工作人员一起逛街，很快便吸引来了不少影迷，有调皮的孩子甚至偷偷摸了摸葛优标志性的光头。

葛优既不生气，也不恼火，始终微笑着和在场的所有人打着招呼，和大家开着玩笑，聊着家长里短。人们纷纷拿出纸笔，请葛优签名合影。

就在这时，一个身体单薄、脸色憔悴的年轻人忽然挤了进来。

“您、您真是葛优?”年轻人激动地问道。

“当然，要不是真的，你可以给 3•15 打电话啊!”

葛优的话引来了大家一阵善意的笑声。听到这里，穿着寒酸的年轻人连忙在身上摸索着，好不容易才找出一张皱皱巴巴的纸，双手递给葛优，“实在不好意思，只能让您在这里给我签个名了。”年轻人羞涩、尴尬地笑着。

葛优连忙接过纸条，恭恭敬敬地写下了自己的名字，然后用双手递回纸条，同时微笑着掏出纸笔，对年轻人说道，“请您也为我签个名。”

大家都愣在了原地，年轻人更是惊讶地呆在那里，简直不敢相信自己的耳朵。短暂的沉默过后，他含着热泪，用颤抖的双手写下了自己的名字，然后冲着葛优深深鞠了一躬。葛优连忙还礼，轻轻拍了拍年轻人的肩膀，目送他离开。

事后，葛优郑重地说：“对我来说，可能这是第五万次签名，可对人家来说，很可能是人生的第一次。人活一世，谁又不需要别人帮忙呢?自己有能力，就要善待他人，认真热情地对待每一个人。”

葛优

故事解析

正是因为葛优这种善良大度的处世风格，才为他赢得了大家的喜爱。善待他人，就是成就自己。

以德交友是团结友爱的基本原则。健康的团结友爱绝非无原则的一团和气或哥们义气，而是建立在远大志向、高尚情操基础上的相互理解、相互关心、相互帮助。与人为善是一种高尚的品德，是智者心灵深处的一种沟通，是仁者个人内心世界一片广阔的视野。

与人为善能够帮助自己迅速融入团队、集体，有利于增进团结。“良好的人际关系不单单是行动上做出来的，更是从心底流出来的。”这句富有哲理的话告诉我们：在工作和生活中要与人为善，就要用心去和他人交往。在追求成功的过程中，任何人都离不开与他人的合作，尤其是在现代社会里，如果你想获得成功，就应该想方设法获得周围人的支持和帮助。而这一切获得的前提就是融洽的人际关系，良好的工作状态。与人为善是善于合作的人共有的秉性，学会尊重、学会分享、学会诚信、学会宽容，就会在生活中收获到理解和成功。

故事穿越

香港亿万富翁陈玉书的成功得益于一件偶然的小事。

20 世纪 70 年代初，由于政治上的原因，陈玉书离开了任教的北京某中学，身上只有 50 元钱，携妻远赴香港寄身岳父“篱下”，做地盘工人。

一个周末，辛劳了整整一周的陈玉书到维多利亚公园游玩，看见一位妇女将孩子抱上秋千，因为体弱无力，几次都不能将秋千荡起来。陈玉书走上前，加力推了一把，秋千立刻大幅度地荡起来，母子俩高兴得眉飞色舞。交谈中陈玉书得知这位太太是印尼华裔，其夫在印尼驻香港领事馆工作。

之后的第五天，陈玉书遇见另一位印尼华侨，在与其叙谈中，无意中得知他遇到了一大困难：由于领事馆的商业签证问题遇到麻烦，一批准备运往印尼的货物迟迟不能起运，令其十分焦急、苦恼。陈玉书脑海里突然显现出上述的那位太太，便毛遂自荐表示愿意走一趟，看看能否帮上忙。

陈玉书接过文件，带上礼物，来到那位太太家。太太将陈玉书引见给她丈夫。这位领事馆的官员了解个中原委后，没让陈玉书多费口舌，补了一些手续，便把商业签证办了。

印尼华侨得知这个意外的喜讯，兴奋得不得了，当即给陈玉书 5 万块钱，充当谢礼。这 5 万元的酬金，相当于陈玉书当时工资的 10 年之和。得到这笔钱后，陈玉书把它当作资本，涉足商场。

商海搏击 10 多年后，他成为拥有 14 亿资产的世界景泰蓝大王。

故事微语

原来这位富豪能够白手起家是出于自己友善的天性。因为友善，他认识了贵友，也因为友善，他帮了别人大忙，进而成就了自己。

与人为善有利于使自己生活得更快乐。与人为善其实极易做到，它并不需要你刻意做作，只要有一颗平常心就行了。

与人为善使你有一种充实感，可以为自己创造一个宽松和谐的人际关系，使自己有一个发展个性与创造力的自由天地，并享受到一种施恩与人的快乐，从而更有利于个人的身心健康。

现实生活中，有些人不讨人喜欢，甚至四面楚歌，主要原因不是大家故意和他们过不去，而是他们在与别人相处时，总是自以为是，对别人百般挑剔，随意指责，人为制造矛盾。只有处处与人为善，严于律己，宽以待人，才能建立与人和睦相处的基础。在很多的时候，你怎么对待别人，别人就会怎么对待你。这就教育我们要学着待人如待己。

生活就是这样：对别人多一份理解和宽容，其实就是对自己的支持和帮助，善待他人就是善待自己。“授人玫瑰，手留余香”。在生活中还是要从与人为善做起。

心灵箴言

自制的友谊要比买来的友谊更持久。

——[美] 里根

不速之客只在告辞以后才最受欢迎。

——[英] 莎士比亚

显示出对别人的欢乐不屑一顾的样子，那是侮辱了别人。

——[法] 玛格丽特·尤瑟娜尔

像橡树般一寸寸成长起来的友情，要比像瓜蔓般突然蹿起来的友情更为可靠。

——[英] 夏洛蒂·勃朗特

面带微笑，做个快乐的天使

故事话题

马克·吐温是美国著名作家，作品以幽默和讽刺见长。他本人当然也是幽默爱笑的，到处留下欢声笑语。

马克吐温一次乘车外出，火车开得很慢。当查票员过来查票时，马克吐温递给他一张儿童票。查票员调侃道："我还真没看出您还是个孩子呢！"

马克吐温回答："现在我已经不是孩子了，但我买票上车时还是个孩子哩。"

马克·吐温有一次到某地旅店投宿，别人事前告知他此地蚊子特别厉害。他在服务台登记房间时，一只蚊子正好飞来。马克·吐温对服务员说："早听说贵地蚊子十分聪明，果不其然，它竟会预先来看我登记的房间号码，以便晚上对号光临，饱餐一顿。"

服务员听后不禁大笑。结果那一夜马克·吐温睡得很好，因为服务员记住了房间号码，提前进房做好灭蚊防蚊的工作。

一次，马克·吐温出席宴会。席间，他对一位贵妇说："夫人，你太美丽了！"不料那妇人却说："先生，可是遗憾得很，我不能用同样的话回答你。" 头脑灵敏，言辞犀利的马克·吐温笑着回答："那没关系，你也可以像我一样说假话。"

马克·吐温收到过一封信。这是一位青年人写来的，他想向马克·吐温请教成为大作家的诀窍。信中说："听说鱼含大量的磷质，而磷是有利于脑子的。看来要成为一个大作家，一定要吃很多鱼吧？但不知道你究竟吃的什么鱼，又吃了多少呢？"马克·吐温回信说："看来，你得吃一条鲸才行。"

故事解析

马克·吐温的成功最大的资本就是自己的幽默逗笑本领。这成为他经营一生的事业，在社会上立足之基。

笑会使人心平气和，传达友善、亲近的讯息，能够有效消解人与人之间的隔阂，极大拉近心灵的距离。希望有良好的人际环境，就要悉心练习自己的笑容。

经常对着镜子笑，对着朋友笑，对着所有众生笑，对着大自然、一切万物都报以微笑，就是在发散、扩展自己的正能量，能够感染万事万物。

每天，出门的时候，请保持微笑，可以免除家人对你的挂念；遇见一个陌生人，请保持友善的微笑，那么你也会收获一个友善的祝福；对不幸的弱者请保持一个真心鼓励的微笑，你会得到一份博爱的力量；对刁难你的人，请保持一种宽容的微笑，你能化解怨恨，以柔克刚；对冤枉侮辱你的人，你更要保持自信的微笑，你能转化阴气为阳气，化乖戾为吉祥。

时刻面带微笑，做人间的快乐天使，就能拥抱美妙的人际交往情感，成为受到最大范围、最大程度欢迎的人。

故事穿越

汤礼春是我国当代幽默作家。2003 年，西祠胡同等全国各大网站评选的“中国最让人记得的新一代撰稿人名单”中，他位列幽默类之首。

早在 1987 年，汤礼春就加入了中国作家协会湖北分会。但在 21 世纪前，他虽然发表过几百篇作品，但都没有太大影响。

2000 年，一直低迷的《大众文艺》杂志社力求变革，将刊名改为《快活林》。他们从《故事会》等刊物上看到汤礼春的幽默作品后，特邀他任主编。

汤礼春欣然接受了聘请，他的幽默作品很快就在报刊上打响了。2001 年，他的作品《球迷与小偷》一问世就被《微型小说选刊》《民间故事选刊》《特别关注》等 20 多家报刊转载，随后又被中国微型小说协会评为“首届微型小说年度奖”，《故事林》好故事一等奖。

这以后，汤礼春的幽默作品每发表一篇，都会受到广大读者的追捧：《儿子的拍马成长史》获得了“全国幽默小说”大赛奖，《改名祸福》被香港凤凰卫视“锵锵三人行”节目选用。《一个官员出国后的考察报告》更是他的幽默精品，不仅被《杂文选刊》等几十家报刊转载，而且还被收入《二十一世纪精品杂文选萃》《中国当代微型小说作品选》等书中。

他的幽默作品《我非要得奖》《梁山伯后代挑战奥运会》等被选入人民日报出版社等出版单位出版的《中国当代微型小说排行榜》等文集中。

故事微语

汤礼春的经历说明了一个道理：幽默、让人快乐的文风更受欢迎。他很早就投身文学创作，可是，只有在他将所有才力倾注于幽默笑话类型作品后，才为广大读者认可，成名成家。

俗话说“笑一笑，十年少，笑十笑，百病消”“一天笑三笑，胜吃神仙药”……很多人花钱买药、买保健品来维持健康，其实倒不如保持一个好心态，常常微笑。

研究表明：笑可以百毒不侵，因为笑可以刺激脑细胞，增加自体免疫力。佛、菩萨、神仙都是保持慈祥微笑，历代的修行者也是保持开心的笑，他们活在当下，时时不忘开心，身心无比的放松。

古人创造字词很有哲理，“忧愁鬼”“快乐神仙”，要做神仙就得快乐，忧愁就只能做鬼了。笑的时候就是在培养幽默感，在心中积聚开心的笑料。有意识、主动培养自己多微笑，能够真正提高自己待人处事的能力，为自己拓展良好的发展局面，更好地完成自己的使命。

心灵箴言

人生至善，就是对生活乐观，对工作愉快，对事业兴奋。

——[美] 布兰登

乐观使你倾向于幸福健康事业顺利，悲观使你倾向于绝望患病失败忧郁孤独懦怯。

——民谚

凡是一个能够受到大家欢迎的人，他的动作不仅是有力量，而且要优美。坚实是不够的，就是有用也无济于事。无论什么事情，必须具有优雅的办法和态度，才能显得漂亮，得到别人的喜欢。

——[英] 洛克

表明态度，在团队中仍然要坚持原则

故事话题

俄国伟大的无产阶级革命导师列宁是一个恪守诚信的人。他自己没有儿女，但是很喜欢小孩子。革命胜利以后，逢年过节，他总是和夫人克鲁普斯卡娅到儿童之家，陪孩子们一起欢度节日。

革命胜利后的俄国，百废待兴，繁重的工作，使列宁的身体越来越差。一年，新年将近的时候，他又一次生了病，身体更加虚弱。身体条件不允许他到儿童之家与孩子们一起欢度节日，但他已经答应过孩子们了。最后他决定在自己的家里布置一个新年晚会，请孩子们来做客。

列宁病得越来越厉害，头疼，整夜整夜地失眠。医生对他说："列宁同志，你无论如何也得去休养了。"秘书也说："列宁同志，新年晚会就取消了吧，那会消耗您太多的精力！"

列宁说："不！我对孩子们不能失信！新年晚会一定要如期举行，我也一定要准时出席，和孩子们一起欢度新年！"

工作人员知道列宁讲诚信的习惯，不好再说什么，开始忙着布置列宁的家。他们在客厅里放了一棵又大又直的圣诞树，上面还挂满了玩具。

新年到了，孩子们如约来到列宁家，看见漂亮的圣诞树高兴得欢蹦乱跳。列宁强忍着病痛，让工作人员推着轮椅来到孩子们中间。孩子们表演唱歌、跳舞，列宁笑眯眯地拍着手。最后，夫人克鲁普斯卡娅和工作人员玛丽亚给每一个孩子都发了一份新年礼物。

这次别开生面的聚会成为孩子们永远美好的回忆。

故事解析

伟人列宁在人际交往中有自己的原则，即使是对于儿童，也同样坚持恪守。他童叟无欺的高尚品格名副其实。

团结不是不要原则。不讲原则，不讲是非，放弃的是正确的观点，助长的则是歪风邪气。有关团结与原则的经验之谈莫过于很多领导意识到的：“搞好班子团结，讲艺术没错，但更要讲原则！”这句话不失为经验之谈。

“火车跑得快，全靠车头带。”团队中，讲团结的重要性自不待言。但归根结底，最核心、最本质的一条则是：讲原则。

牺牲原则求团结，是变了味的团结。在团结问题上有一种新“平均主义”值得警惕：你好我好大家好，一荣俱荣，谁也别眼红谁；你错我错大家错，一损俱损，谁也别指责谁。这种变味的团结“艺术”，搞不好会让“包容”演变成“包庇”，“团结”异化为“结团”，犯下违法乱纪的错误。

讲原则，才能讲出正气。有了正气，何愁没有和气？毛泽东有一个关于团结的著名公式：“团结——批评——团结”。批评与自我批评就是用正确的原则对团队言行的检视。惟有坚持原则，才能讲出真感情，求来真团结。

故事穿越

很多人成名后，因为不能坚持原来让自己成功的那些原则、信条，而是从众随波，结果让自己的成就大打折扣。一定要有自己的为人处世准则并且坚定执行，才能保证理想的实现。

大文豪雨果写巨著《悲惨世界》之时，为了不让自己的文思中断，集聚思路将这本书尽快完成，所以拒绝了一切的应酬。可是在这么长的时间内，总会有至亲好友上门来强拉他去应酬。怎么办呢？他想了个好方法来应付。

当至亲好友按他家的门铃时，他总是很快地将门打开，可是，亲友们看到的却是一个留了半边头发和半边胡须的人。如此一来，就算多么想拉他一起去应酬，也做不到了。于是，这部巨著如期完成。

故事微语

可以说，雨果的显著成就主要得自他对自己原则的坚持。在成为名人后，他积极想办法，继续按照自己的原则行事，不断收获优秀成绩。

对待矛盾，我们要有正确的认识。没有矛盾，就没有发展，就没有变化；没有矛盾，社会就会停滞不前。有了矛盾，有了差异，我们才会去寻求解决矛盾的办法，找出消除差异的手段。看到矛盾，正视矛盾，千方百计解决矛盾，才能达到团结、和睦。如果一发现矛盾，一出现问题，不去积极想办法加以解决，而是在“团结”的幌子下，遮着、捂着、藏着，或者是漠视百姓的正当要求，对群众的呼声置之不理，那样只会激化矛盾，加剧冲突。比如分配不公、就业困难、看病难、读书贵等，如果你视而不见，闻而不理，让这些问题日积月累，势必酿成大祸。各单位、各部门的领导干部，勇于正视矛盾，巧于化解矛盾，才能为构建社会主义团结社会做出应有的贡献。

团结不是一团和气，团结不是否认矛盾、掩盖问题。只有“君子坦荡荡”式的团结，坚持真理、坚守正确、坚定原则的团结，对集体高度负责任的团结，才是值得珍重的。

心灵箴言

我们要以美的原则改造世界。

——[德] 马克思

原则是我的信条而不是我的权术。

——[英] 迪斯雷利

让我们记住，公正的原则必须贯彻到社会的最底层。

——[古罗马] 西塞罗

激励自勉，要有正确的心理暗示

6 故事话题

有一位南非女孩，从 16 岁就开始徒步旅行，用两年多时间，途经 14 个国家，步行 16181 千米，纵跨非洲大陆，闯入吉尼斯世界奇迹榜。这就是 26 岁的菲奥娜•坎贝尔。

在菲奥娜的整个旅途中，最艰苦的日子是在扎伊尔境内。1991 年 9 月，那里政局混乱，她被法国外籍军团空运出境。当她又回来时，她的野外生存训练教练米尔斯陪她日行 50 千米。但以后的几个月如噩梦一般，她走到哪里都遭到满怀敌意者的攻击，他们向她扔石头，肆意侮辱她、打她。

她在答记者问时说："当地人既仇视又害怕我们，以为我们是人贩子，专吃妇幼的野人。当大大小小的石头落在身上时，你唯一的办法是保持原来的速度继续前进，一切都是注定了的，不要抱怨，不要消沉。"不幸的是她和米尔斯又得了痢疾，之后他们在热带雨林里整整困了七个月，从早到晚，头发就没干过，衣服也在发霉，身上处处是疮，难以愈合。

尽管如此，菲奥娜从未想过放弃，她说："当你不知道何去何从的时候，你会感到世界是如此空旷、广漠而令人迷茫。这是一次折磨人的探险。一般只要吃几个月的苦就足够了，这一次却整整持续了两年时间。所以我必须好好地安排生活。"

在周游世界的跋涉中，菲奥娜的许多想法都在发生根本的转变。她曾因为随着身为皇家海军军官的父亲搬了 22 次家、转了 15 次学而怨恨他，但这种怨恨在她走完从悉尼到珀斯的 5000 千米路程后烟消云散。

故事解析

在团队中，个人具有激励自己不断上进的自勉能力十分重要。菲奥娜是个有着坚定意志力、明确目标的青年，她不断求索的精神带给自己很多有益的成果。

在美国，团队已经在各种各样的组织中得到认可。有人在不久前做过调查，80%的《财富》500强企业都有一半或者更高比例的员工在团队中工作。此外，68%的美国小型制造企业在其生产管理中采用团队的方式。

面对目前残酷复杂的职场和人生，一个人要取得成功，首要是个人态度的问题，态度决定胜负。保持一种积极的心态，而不是消极的心情，让自己快乐起来，恢复良好的心情。斯普林格说的好，“人生中重要的事情不是感到惬意，而是感到充沛的活力。”

把握和控制好情绪，自己让自己快乐起来，其实并不是那么简单的事情，你首先要知道你为什么不快乐。面对着种种的危机，应该竭尽全力从内心挑战自我和超越自我，不要害怕失败，哪里跌倒就从哪里爬起来，把握好情绪，人在开心的时候，往往能从良好的心情中获得巨大的动力和力量，并达到自己最佳的状态

故事穿越

“疯狂英语”创始人李阳总是充满了激情，在成千上万的人群前张口就喊他的疯狂英语。作为人生激励老师，他常常在高等学府面对莘莘学子从容不迫、侃侃而谈，脸上写满了自信，甚至在春节晚会上也带着他的《疯狂英语》自信亮相。

李阳说，自信不是天生的，他的自信就是后天培养起来的。确实，李阳并非生来就是英语天才，而且也不是天生的自信。小时候，李阳害羞、内向，不敢见陌生人，不敢接电话，不敢去看电影……父母曾断定他没出息，“长大只有去淘大粪”。

1986 年，李阳考入兰州大学，生活依然没有出现亮色。第一学期期末考试中，李阳名列全年级倒数第一名，英语连续两个学期考试不及格。大学第二个学期即将结束，李阳已是 13 门功课不及格。

于是，李阳天天顶着凛冽的大风，扯着嗓子大喊英语句子。从 1987 年冬一直喊到 1988 年春，4 个月的时间，李阳重复了十多本英文原版书，背熟了大量四级考题。李阳的舌头不再僵硬，耳不再失灵，反应不再迟钝。在当年的英语四级考试中，李阳只用了 50 分钟就答完试卷，并且成为全校第二名。

初尝成功的李阳，从此开始迈上奋发进取的人生道路。他发现，自己性格的弱点在大喊的过程中被击碎了，精力更加集中，记忆更加深刻，自信逐渐建立起来。

故事微语

李阳的成功在于他是一个十分能够自我激励的人。面对自己的失败，他鼓励自己针对弱点努力奋斗，让曾经的短处成为自己生存的资本。

人生就应该以这种饱满的状态迎接困难和挑战。态度决定胜负。在一个团队里面，具有魅力的管理者，是个良好的自我激励与群体激励者。

管理者对员工进行激励的时候，通常有3种不同的激励方式。一是恐惧式激励：工作干不好就加以惩罚，又称为鞭子式的激励。二是诱因式激励：工作得好就给予奖励，又称为胡萝卜式的激励。三是成长式激励：激发个人内心中源源不断的自我成长、向上提升的精神，也就是态度激励。

前两种激励都是外界给予的，是被动的，其阶段性都是短暂的。第三个层次是最关键的一个，管理者通过这个激励，可以导引员工正确的工作心态，让其能创造出最高的工作能量，让员工能发自内心地坚持不懈地去做一件自己特别想做的事情。

一个员工要想提高在公司中的地位，一个方法是提高自己的核心能力，一个方法是整合现有的能力，让公司能从中认识到自己的价值。

心灵箴言

人生太短，要干的事太多，我要争分夺秒。

——[美] 爱迪生

今是生活，今是动力，今是行为，今是创作。

——李大钊

如果有什么需要明天做的事，最好现在就开始。

——[美] 富兰克林

盛年不重来，一日难再晨，及时宜自勉，岁月不待人。

——陶潜

树立威信，走向成功的彼岸

6 故事话题

英国前首相撒切尔夫人是一个充满自信的人，曾在国际政治舞台上叱咤风云。她曾被人们尊称为“铁娘子”。

当撒切尔还是一个小女孩时，她就是个充满自信的孩子。她所在的学校经常请人来学校演讲，每次演讲结束，她总是第一个站起来大胆提问。而同龄的女孩往往怯生生地不敢开口，她们只能面面相觑或者抬眼看天花板。

有一次听到别人议论：“女人怎么能执政！”她立即站出来自信地说：“我不仅要当英国的第一个女议员，还要当英国第一位女首相！”后来，当她与石油大亨撒切尔喜结连理时，她又对记者说：“今天，人们知道撒切尔夫人是因为撒切尔；明天，人们将因为撒切尔夫人而知道撒切尔！”

1979 年 5 月 4 日，撒切尔夫人入主唐宁街，成为英国第一位女首相。她担任首相 11 年，成为当时英国最有权势的女人。

故事解析

撒切尔有意无意地很早就树立起自己的威信，这种意念上的认同为她的成功起到推动作用。

威信，可以说是一个人身上的光环。失去了它，再有能力在众人眼中也显得一无是处、暗淡无光。而要想凝聚起自己的团队，寻求成功，更需要培养自己的威信。

在历朝历代，中国企业一直都特别重视主管的作用。兵熊熊一个，将熊熊一窝，虎父无犬子，强将手下无弱兵。一个不合格的主管，对于组织的影响是直接深远的，是决定大局成败的关键所在。

没有威信的管理者，不可能在组织中起到领军作用。有些人，虽然担当了主管职务，但没有威信，员工对他的指令及要求视而不见。

威信，包含着威望与信誉，是无价之宝，是领导者必须具有的素质与资本。管理者要有虎威，即像老虎一样威风八面，人见人畏（敬畏），业绩突出，行动迅速、诚信为本，它不仅仅关系到个人的成功，更影响着团队的士气与前程。

《辞海》说，“有威则可畏，有信则乐从，凡欲服人者，必兼具威信”。威信是一种大品格、是一种大诚信、是一种大能力、是一种大智慧、是一种大勇气。在企业内主要由专业专长、从业经历、工作绩效及人格魅力构成。他不是靠权力去管理，而是通过人格魅力的影响来构筑主管威信。

故事穿越

世界著名指挥家小泽征尔在一次大赛中，根据评委会交给他的一张乐谱指挥演奏。但发现有不和谐的地方，于是他指挥乐队停下来重新演奏，但仍觉得不自然。

这时候，在场的作曲家和评委会权威人士都郑重声明：乐谱没有问题，是小泽征尔的感觉出了错误。

小泽征尔十分难堪，但他考虑再三，坚信自己的判断是正确的，于是大吼一声："不！一定是乐谱错了！"

他的喊声一落，评委们立即站起来热烈鼓掌，祝贺他大赛夺魁。

原来这是评委们精心设计的圈套，以试探指挥家在权威面前能否坚信自己的评判。

故事微语

敢不敢坚持自己的主张，特别是在权威面前敢不敢坚信自己的主张，这是能够树立起自己独立人格威望的关键时刻。小泽征尔成功了，他不但赢得了比赛，更在专业领域内高扬起独属于自己的旗帜。这成功的一步，为他日后晋级为大师提供了坚强的铺垫。

无懈可击的能力是威信得以确立的不二法门。“能”是指管理者的领导能力、管理能力、沟通能力、解决问题的能力。也包括思想教育能力、宣传鼓动能力、用人处事能力、观察分析能力、联系众人能力、创新开拓能力等多方面。

管理者能力的强弱决定威信的高低，能力强的管理者能维护好众人的团结，发挥出集体的战斗力，调动起众人积极性，处理好周围的关系，能使集体中的每个人佩服他、信任他，从而服从他。营销总监针对行业特质，具有例如销售分析能力、沟通协调能力、专业技能技巧、商品知识、人员管理能力、决策力、执行力等等。有能力才能服众。

诚信的品质更是威信直接的构筑基石。诚实、守信，此乃管理者最基

本的要求。也是中国人民引以为傲的美德。“人无信而不立”。无数事实说明：人无诚信不立，家无诚信不和，业无诚信不兴，国无诚信不宁。

一个诚实守信的民族，才能跻身世界民族之林；一个诚实守信的国家，才能为国际所信赖；一个诚实守信的领导，才能为群众所拥护。要组建、稳固自己的团队，管理者对领导班子其他成员的充分信任，副手就能大胆工作，对自己洋溢着敬佩之感。管理者决不能对副手不讲诚信，否则必将失去自己的威信。

要学会在工作中淡化权力意识，把事情交给可放心的部属去完成，是对他人的一种信任，也是一种良好授权。

心灵箴言

能约束自己的人，最有威信。

——[古罗马] 塞涅卡

教师的威信首先建立在责任心上。

——[苏联] 马卡连柯

除非与他人保持距离，他就不会有威信。

——[法] 戴高乐

以贵凌物，物不服；以威加人，人不厌；此易达事耳。

——曾国藩

心灵榜样微史话

拿破仑·希尔

拿破仑·希尔，1883—1969年，全世界最早的现代成功学大师和励志书籍作家，曾经影响美国两任总统及千百万读者的成功学大师。

在美国，拿破仑·希尔这名字家喻户晓，由于他创造性地建立了全新的成功学，他在人际学、创造学、成功学等领域比戴尔·卡耐基有着更高的地位。也是世界上最伟大的励志成功大师，他创建的成功哲学和13项成功原则，以及他永远如火如荼的热情，鼓舞了千百万人，因此他被称为“百万富翁的创造者”。

拿破仑·希尔是美国成功学励志专家，成功学、创造学、人际学的世界顶尖培训大师，他的著作《成功规律》《人人都能成功》《思考致富》等被译成26种文字，在34个国家和地区出版发行，畅销8000多万册，是所有追求成功者必读的教科书，数以万计的政界要员、产贾富豪都是他著作的受益者。

藤田田

藤田田1965年毕业于日本早稻田大学经济学系，毕业后在一家大电器公司打工。1971年，他开始创立自己的事业，经营麦当劳生意，创立了日本麦当劳株式会社并把它建设成为拥有超过3000家连锁店和30亿美元营业额的大集团。藤田田还写了8本关于营销策略的书，并让美国R玩具公司在日本打开局面。他的座右铭是：“胜者为王”。

陈玉书

1941年出生于印尼一个祖籍福建的爱国华侨家庭，毕业于北京师范学院（现首都师范大学）历史系，中国政协委员，获香港太平绅士称号。在其指导下，北京工艺品公司研制出闻名世界的“中华脱胎景泰蓝”，陈玉书一举成为“世界景泰蓝大王”。

马克·吐温

马克·吐温，美国著名作家和演说家，真实姓名是萨缪尔·兰亨·克莱门（Samuel Langhorne Clemens）。“马克·吐温”是他的笔名，原是密西西比河水手使用的表示在航道上所测水的深度的术语。

马克·吐温12岁时，父亲去世，他只好停学，到工厂当小工。后来他又换了不少职业，曾做过密西西比河的领航员、矿工及新闻记者工作。渐渐地着手写一些有趣的小品，开始了自己的写作生涯。

马克·吐温一生写了大量作品，题材涉及小说、剧本、散文、诗歌等各方面。从内容上说，他的作品批判了不合理现象或人性的丑恶之处，表达了这位当过排字工人和水手的作家强烈的正义感和对普通人民的关心；从风格上说，专家们和一般读者都认为，幽默和讽刺是他的写作特点。

马克·吐温是美国批判现实主义文学的奠基人，他的主要作品已大多有中文译本。他经历了美国从初期资本主义到帝国主义的发展过程，其思想和创作也表现为从轻快调笑到辛辣讽刺再到悲观厌世的发展阶段，前期以辛辣的讽刺见长，到了后期语言更为暴露激烈。被誉为“美国文学史上的林肯”。

列宁

列宁原名弗拉基米尔·伊里奇·乌里扬诺夫，列宁是他的笔名。世界著名的革命家、政治家、思想家、理论家、实践家。他是世界上第一个社会主义国家——苏维埃政权的缔造者，布尔什维克党的创始人，俄国十月革命的领导人，担任苏联中央人民委员会的主席。他传承了马克思主义，并形成列宁主义。被全世界的共产主义接班人普遍认同为“国际无产阶级革命的伟大导师和精神领袖”。

撒切尔夫人

玛格丽特·希尔达·撒切尔，英国右翼政治家，第49任英国首相，1979—1990年在任，她是至今为止英国唯一一位女首相，也是自19世纪初利物浦伯爵以来连任时间最长的英国首相。她的政治哲学与政策主张被通称为“撒切尔主义”，在任首相期间，对英国的经济、社会与文化面貌作出了既深且广的改变。在担任首相前后高姿态地反对共产主义，而被前苏联媒体戏称为“铁娘子”，这个绰号甚至已成为了她的主要标志。

晏子

晏子前 578 年—前 500 年是春秋时代著名的政治家、思想家、外交家。

历任齐灵公、齐庄公、齐景公三朝的卿相，辅政长达 60 余年。晏子甚是睿智，爱民，不辱使命；为春秋时期的人才之一。周敬王二十年（前 500 年），晏婴病逝。现存晏婴墓在山东淄博齐都镇永顺村东南约 350 米。其封地为晏城，在今山东省齐河县晏城镇。

晏婴头脑机灵，能言善辩，善于辞令，使楚时曾舌战楚王，维护国家尊严。内辅国政，屡谏齐君。对外他既富有灵活性，又坚持原则性，出使不受辱，捍卫了齐国的国格和国威。司马迁非常推崇晏婴，将其比为管仲。

萧何

萧何前 257—前 193 年，汉族，沛丰人，早年任秦沛县狱吏，秦末辅佐刘邦起义。攻克咸阳后，他接收了秦丞相、御史府所藏的律令、图书，掌握了全国的山川险要、郡县户口，对日后制定政策和取得楚汉战争胜利起到了重要作用。楚汉战争时，他留守关中，使关中成为汉军的巩固后方，不断地输送士卒粮饷支援作战，对刘邦战胜项羽，建立汉朝起了重要作用。萧何采摭秦六法，重新制定律令制度，作为《九章律》。在法律思想上，主张无为，喜好黄老之术。汉十一年（前 196 年）又协助刘邦消灭韩信、英布等异姓诸侯王。刘邦死后，他辅佐汉惠帝。惠帝二年（前 193 年）七月辛未去世，谥号“文终侯”。

张继钢

张继钢中国人民解放军总政治部舞团团长，中国当代著名编导，中国文联第六、第七届全委，中国特殊艺术委员会副主席，北京市舞蹈家协会副主席，国家政府特殊津贴获得者，国家一级导演，担任 2008 年北京奥运会开闭幕式副总导演，2008 年北京残奥会开闭幕式执行总导演。现任武警政治部副主任。

汤礼春

汤礼春 1953 年立春之日出生。1987 年加入中国作家协会湖北分会，至今在海内外发表作品千余篇，计 300 余万字，出版有《李宗仁在老河口》《魔窟倩影》《小城风流》《洒笑世态》。曾任湖北省老河口市文艺创作室主任、老河口市作协副主席、《大众文艺·快活林》执行主编。

其作品获奖 110 次，主要有：“球迷与小偷”和“苦涩的寻找”获中国微型小说学会举办的首届及第三届全国微型小说奖；小说《该不该救那个女孩》获国务院防治艾滋病工作委员会举办的“首届全国大学生预防艾滋病作品有奖征集”三等奖；杂文《知耻知丑，方能行游》获国务院新闻办公室举办的“社会主义荣辱观有奖征文”三等奖和第八届深圳读书月征文比赛一等奖；《儿子的拍马成长史》获《微型小说选刊》举办的“幽默微型小说全国征文大奖赛”三等奖；幽默小品集《洒笑世态》获襄樊第五届“孟浩然文艺创作奖”；散文《笑谈如厕的变迁》获“中央人民广播电台中国广播网改革开放 30 年有奖征文”三等奖；报告文学《我和书的往事》获第十九届全国书博会组织开展的“知书识礼、共建和谐”有奖读书征文一等奖；《一个老兵与“金门高粱酒”》获国务院台湾事务办公室与人民日报、人民日报海外版、人民网共同举办的《纪念告台湾同胞书 30 周年》征文三等奖。有上百篇作品被《读者》等报刊转载；并收录于《世界华文微型小说》等多部文集中。有作品刊载美国、日本、台湾、香港等海外报刊。

心灵修养用语微解

沟通：是人与人之间、人与群体之间思想与感情的传递和反馈的过程，以求思想达成一致和感情的通畅。

威信：指威望与信誉。语出《史记·李斯列传》：“兼行田常、子罕之逆道而劫陛下之威信，其志若韩玘为韩安相也。”

信任：在社会科学中，信任被认为是一种依赖关系。值得信任的个人或团体意味着他们寻求实践政策，道德守则，法律和其先前的承诺。

赞美：发自内心的对于美好事物表示肯定的一种表达。恰如其分的赞美能使我们更好地与朋友、同学交往，从而增进朋友和同学之间的友情和友谊。

默契：心照不宣；秘密约定或协定；心灵相通，配合得很好；不经言传而心意暗相投合。没有说明白时是心有灵犀的意思，准确说是完美的配合。暗相契合。

团结：是由多种情感聚集在一起而产生的一种精神。如果一个团队没有团结的精神，那么这个团队就不能称之为团队，只是志同道合而已，团结是成功的基石，没有团结就不会有理所当然的成功，这是千百年来不变的道理，团结就是力量！

尊重：指敬重、重视。人的内心里都渴望得到他人的尊重，但只有尊重他人才能赢得他人的尊重。尊重他人是一种高尚的美德，是个人内在修养的外在表现；尊重他人是一个人的政治思想修养好的表现，是一种文明的社交方式，是顺利开展工作、建立良好的社交关系的基石。生活中只有互相尊重才能和别人建立良好的友情。

榜样：二字都带“木”字，原来“楷”和“模”是两种树木的名字。清人学者所著《广各种美丽芳草谱》和清人刘献廷所著《广阳杂记》

中都记叙了这两种树：楷树又名黄连树，系七叶树，果实鸭蛋圆形，红色。也是一种理想人格，或者说是主观自我。以某个人为榜样，就是领会运用某个人的立场观点方法，把榜样人物同主观自我高度融合，在具体问题面前，运用榜样人物的立场观点方法来认识问题、形成观念设想，从而指导支配自身的言行。以某个人为榜样，其实就是学习领会这个人的立场观点方法，使自己成为榜样人物的替身。

凝聚力：是指群体成员之间为实现群体活动目标而实施团结协作的程度，所谓群体是指人的集合，包括家庭、朋友、单位、集体、阶级、民族、国家等等。凝聚力外在表现于人们的个体动机行为对群体目标任务所具有的信赖性、依从性乃至服从性上。

感情投资：从文字角度看就是把感情代替其他的一些具有价值的投资资本来进行投资，其实在这个人性社会，感情投资才是这个社会一切投资的最终境界，通过金钱、实物等等投资出去的，无形中就已经转化为了感情投资，得到的回报也有意无意的体现在感情当中。感情投资是人性社会最有效的投资策略。

头脑风暴：即头脑风暴法，一种创造能力的集体训练法。所谓头脑风暴（Brain-storming）最早是精神病理学上的用语，指精神病患者的精神错乱状态而言的，现在转而为无限制的自由联想和讨论，其目的在于产生新观念或激发创新设想。

活力管理：Vigor Management，《新华大字典》将活力解释为：旺盛的生命力。活力用英语表示为“vigor”，意为身体或精神上的力量或能量。目前约定俗成的活力涵盖了以上两种解释，包括个体感到他们拥有的体力、情绪能量和认知灵活性 3 个方面内容。

人定胜天：儒道哲学。古代指“人心安定，人人都能安守自己的本分，人类体现出的凝聚力和力量能够超越自然界。”宋·刘过《龙洲集·襄央歌》中写到：“人定兮胜天，半壁久无胡日月”，其中的“兮”字为语气词，而“人定”是一个词。现代则多指“人类一定能够战胜自然”，因为人类是有智慧的生物。